辣椒种质资源图鉴

曹振木　刘子记　朱　婕　主编

中国农业科学技术出版社

图书在版编目（CIP）数据

辣椒种质资源图鉴 / 曹振木，刘子记，朱婕主编 . -- 北京：中国农业科学技术出版社，2022.7

ISBN 978-7-5116-5792-3

Ⅰ. ①辣…　Ⅱ. ①曹… ②刘… ③朱…　Ⅲ. ①辣椒—种质资源—图集　Ⅳ. ① S641.302.4-64

中国版本图书馆 CIP 数据核字（2022）第 104098 号

本书由中央级公益性科研院所基本科研业务费专项（1630032022009）、中国热带农业科学院热带作物品种资源研究所科技成果转移转化专项（PZS2022003）、海南省自然科学基金面上项目（322MS132）资助。

责任编辑　李冠桥
责任校对　李向荣
责任印制　姜义伟　王思文

出 版 者　中国农业科学技术出版社
北京市中关村南大街 12 号　　邮编：100081
电　　话　（010）82109705（编辑室）（010）82109702（发行部）
（010）82109709（读者服务部）
网　　址　http://www.castp.cn
经 销 者　各地新华书店
印 刷 者　北京建宏印刷有限公司
开　　本　170 mm × 240 mm　1/16
印　　张　21
字　　数　400 千字
版　　次　2022 年 7 月第 1 版　2022 年 7 月第 1 次印刷
定　　价　120.00 元

版权所有 · 侵权必究

《辣椒种质资源图鉴》

编 委 会

主　编　曹振木　刘子记　朱　婕

副主编　秦于玲　申龙斌　刘维侠

前 言

种质资源是我国农业生产和育种工作的物质基础，不论是常规育种、远缘杂交、倍性育种、辐射育种还是遗传工程等都不能离开种质资源。种质资源蕴含着极其丰富的遗传变异和各种性状的有利基因，因此又称为遗传资源或基因资源。植物种质资源及其多样性为栽培品种改良、新品种选育及开展遗传生物学研究提供丰富的遗传变异和基因资源，是人类用以选育新品种和发展农业的物质基础。一个国家或研究单位所拥有的种质资源的数量和质量，以及对其特性和遗传规律研究的深度与广度是决定育种效果的重要条件，也是衡量一个国家或单位育种工作发展水平的重要标志之一。几乎每次植物育种的重大突破，都与重要资源材料的发现与利用有关。因此对种质资源掌握得越多，研究得越深入，就越能加快新品种的选育。

辣椒（*Capsicum* spp.，$2n=2x=24$）在植物学分类上属于茄科（Solanaceae）辣椒属（*Capsicum*）一年或多年生草本植物，原产于中南美洲，于明末传入中国。辣椒是一种重要的蔬菜作物和调味品，适应性强，风味独特，营养丰富，含有多种维生素，深受消费者喜欢，可以鲜食，也可以加工，具有重要的产业价值。本书通过图片与文字相结合的形式整理了多年来收集的长椒类种质资源、灯笼椒类种质资源、朝天椒类种质资源、锥形椒与观赏椒类种质资源，以期为辣椒研究者提供重要的参考信息，促进辣椒种质资源的高效利用。书中种质名称编号为中国热带农业科学院热带作物品种资源研究所内部编号。

由于编者水平有限，书中不足之处在所难免，恳请专家和读者批评指正。

编　著

2022 年 6 月

目 录

CONTENTS

第一章　长椒类种质资源

第一章

长椒类种质资源

种质名称：CXX011					
子叶颜色	浅绿色	株型	半直立	株高（cm）	60.00
株幅（cm）	60.00	分枝类型	无限分枝	主茎色	绿带紫条纹
茎茸毛	无	叶形	披针形	叶色	深绿色
叶缘	全缘	叶片长（cm）	10.50	叶片宽（cm）	5.80
叶柄长（cm）	5.50	叶面特征	微皱	首花节位	11
花冠色	白色	花药颜色	紫色	花柱颜色	白色
花柱长度	长于雄蕊	花梗着生状态	下垂	青熟果色	绿色
果面棱沟	无	果面光泽	有	商品果纵径（cm）	10.50
商品果横径（cm）	2.60	果梗长度（cm）	4.90	果形	长牛角形
果肉厚（cm）	0.31	老熟果色	红色	辣味	微辣

种质名称：CXX015					
子叶颜色	浅绿色	株型	半直立	株高（cm）	57.50
株幅（cm）	57.50	分枝类型	无限分枝	主茎色	绿带紫条纹
茎茸毛	无	叶形	披针形	叶色	深绿色
叶缘	全缘	叶片长（cm）	14.00	叶片宽（cm）	7.00
叶柄长（cm）	11.00	叶面特征	微皱	首花节位	11
花冠色	白色	花药颜色	蓝色	花柱颜色	白色
花柱长度	短于雄蕊	花梗着生状态	下垂	青熟果色	黄绿色
果面棱沟	无	果面光泽	有	商品果纵径（cm）	15.20
商品果横径（cm）	3.30	果梗长度（cm）	4.70	果形	长牛角形
果肉厚（cm）	0.37	老熟果色	红色	辣味	极轻微辣

种质名称：CXX016					
子叶颜色	浅绿色	株型	半直立	株高（cm）	55.00
株幅（cm）	60.00	分枝类型	无限分枝	主茎色	绿色
茎茸毛	无	叶形	披针形	叶色	深绿色
叶缘	全缘	叶片长（cm）	14.00	叶片宽（cm）	7.70
叶柄长（cm）	9.00	叶面特征	微皱	首花节位	10
花冠色	白色	花药颜色	蓝色	花柱颜色	白色
花柱长度	短于雄蕊	花梗着生状态	下垂	青熟果色	绿色
果面棱沟	浅	果面光泽	有	商品果纵径（cm）	14.60
商品果横径（cm）	6.20	果梗长度（cm）	5.40	果形	短牛角形
果肉厚（cm）	0.36	老熟果色	红色	辣味	微辣

种质名称：CXX018					
子叶颜色	浅绿色	株型	半直立	株高（cm）	50.00
株幅（cm）	57.50	分枝类型	无限分枝	主茎色	绿色
茎茸毛	无	叶形	披针形	叶色	深绿色
叶缘	全缘	叶片长（cm）	12.50	叶片宽（cm）	5.50
叶柄长（cm）	8.00	叶面特征	微皱	首花节位	8
花冠色	白色	花药颜色	紫色	花柱颜色	白色
花柱长度	短于雄蕊	花梗着生状态	下垂	青熟果色	黄绿色
果面棱沟	浅	果面光泽	有	商品果纵径（cm）	16.40
商品果横径（cm）	4.70	果梗长度（cm）	5.80	果形	长牛角形
果肉厚（cm）	0.42	老熟果色	红色	辣味	微辣

种质名称：CXX019					
子叶颜色	浅绿色	株型	开展	株高（cm）	43.50
株幅（cm）	57.50	分枝类型	无限分枝	主茎色	绿带紫条纹
茎茸毛	无	叶形	披针形	叶色	深绿色
叶缘	全缘	叶片长（cm）	8.50	叶片宽（cm）	4.30
叶柄长（cm）	4.50	叶面特征	微皱	首花节位	11
花冠色	白色	花药颜色	紫色	花柱颜色	白色
花柱长度	与雄蕊近等长	花梗着生状态	下垂	青熟果色	绿色
果面棱沟	无	果面光泽	有	商品果纵径（cm）	15.80
商品果横径（cm）	2.70	果梗长度（cm）	4.10	果形	长牛角形
果肉厚（cm）	0.30	老熟果色	红色	辣味	微辣

种质名称：CXX023					
子叶颜色	浅绿色	株型	半直立	株高（cm）	52.50
株幅（cm）	55.00	分枝类型	无限分枝	主茎色	绿色
茎茸毛	无	叶形	披针形	叶色	深绿色
叶缘	全缘	叶片长（cm）	9.00	叶片宽（cm）	5.00
叶柄长（cm）	5.00	叶面特征	微皱	首花节位	9
花冠色	白色	花药颜色	紫色	花柱颜色	白色
花柱长度	短于雄蕊	花梗着生状态	下垂	青熟果色	绿色
果面棱沟	无	果面光泽	有	商品果纵径（cm）	17.50
商品果横径（cm）	5.20	果梗长度（cm）	3.80	果形	长牛角形
果肉厚（cm）	0.42	老熟果色	红色	辣味	极轻微辣

种质名称：CXX027					
子叶颜色	浅绿色	株型	半直立	株高（cm）	58.50
株幅（cm）	65.00	分枝类型	无限分枝	主茎色	浅绿色
茎茸毛	无	叶形	披针形	叶色	深绿色
叶缘	全缘	叶片长（cm）	12.00	叶片宽（cm）	5.80
叶柄长（cm）	6.00	叶面特征	微皱	首花节位	7
花冠色	白色	花药颜色	蓝色	花柱颜色	白色
花柱长度	短于雄蕊	花梗着生状态	下垂	青熟果色	绿色
果面棱沟	无	果面光泽	有	商品果纵径（cm）	8.50
商品果横径（cm）	2.70	果梗长度（cm）	4.00	果形	长牛角形
果肉厚（cm）	0.12	老熟果色	红色	辣味	辣

种质名称：CXX031					
子叶颜色	浅绿色	株型	半直立	株高（cm）	53.00
株幅（cm）	61.00	分枝类型	无限分枝	主茎色	绿色
茎茸毛	无	叶形	披针形	叶色	深绿色
叶缘	全缘	叶片长（cm）	13.50	叶片宽（cm）	5.10
叶柄长（cm）	6.50	叶面特征	微皱	首花节位	9
花冠色	白色	花药颜色	紫色	花柱颜色	白色
花柱长度	长于雄蕊	花梗着生状态	下垂	青熟果色	绿色
果面棱沟	浅	果面光泽	有	商品果纵径（cm）	16.00
商品果横径（cm）	2.40	果梗长度（cm）	5.70	果形	长牛角形
果肉厚（cm）	0.13	老熟果色	红色	辣味	辣

种质名称：CXX033					
子叶颜色	浅绿色	株型	半直立	株高（cm）	52.00
株幅（cm）	52.00	分枝类型	无限分枝	主茎色	绿色
茎茸毛	无	叶形	披针形	叶色	深绿色
叶缘	全缘	叶片长（cm）	10.40	叶片宽（cm）	4.50
叶柄长（cm）	5.30	叶面特征	微皱	首花节位	8
花冠色	白色	花药颜色	紫色	花柱颜色	紫色
花柱长度	与雄蕊近等长	花梗着生状态	下垂	青熟果色	绿色
果面棱沟	浅	果面光泽	有	商品果纵径（cm）	12.00
商品果横径（cm）	3.10	果梗长度（cm）	3.90	果形	长牛角形
果肉厚（cm）	0.14	老熟果色	红色	辣味	极轻微辣

种质名称：CXX038					
子叶颜色	浅绿色	株型	半直立	株高（cm）	46.00
株幅（cm）	71.50	分枝类型	无限分枝	主茎色	绿色
茎茸毛	中	叶形	披针形	叶色	深绿色
叶缘	全缘	叶片长（cm）	9.00	叶片宽（cm）	4.50
叶柄长（cm）	4.50	叶面特征	微皱	首花节位	8
花冠色	白色	花药颜色	蓝色	花柱颜色	紫色
花柱长度	长于雄蕊	花梗着生状态	下垂	青熟果色	绿色
果面棱沟	无	果面光泽	有	商品果纵径（cm）	21.20
商品果横径（cm）	3.40	果梗长度（cm）	4.30	果形	长牛角形
果肉厚（cm）	0.21	老熟果色	红色	辣味	极轻微辣

种质名称：CXX039					
子叶颜色	浅绿色	株型	半直立	株高（cm）	62.50
株幅（cm）	65.00	分枝类型	无限分枝	主茎色	绿色
茎茸毛	中	叶形	披针形	叶色	深绿色
叶缘	全缘	叶片长（cm）	12.50	叶片宽（cm）	6.20
叶柄长（cm）	5.50	叶面特征	微皱	首花节位	8
花冠色	白色	花药颜色	紫色	花柱颜色	紫色
花柱长度	短于雄蕊	花梗着生状态	下垂	青熟果色	绿色
果面棱沟	无	果面光泽	有	商品果纵径（cm）	11.20
商品果横径（cm）	2.80	果梗长度（cm）	4.30	果形	长牛角形
果肉厚（cm）	0.08	老熟果色	红色	辣味	辣

种质名称：CXX040					
子叶颜色	浅绿色	株型	半直立	株高（cm）	64.00
株幅（cm）	62.00	分枝类型	无限分枝	主茎色	绿色
茎茸毛	稀	叶形	披针形	叶色	深绿色
叶缘	全缘	叶片长（cm）	9.50	叶片宽（cm）	4.90
叶柄长（cm）	5.00	叶面特征	微皱	首花节位	12
花冠色	白色	花药颜色	蓝色	花柱颜色	白色
花柱长度	短于雄蕊	花梗着生状态	下垂	青熟果色	绿色
果面棱沟	浅	果面光泽	有	商品果纵径（cm）	10.10
商品果横径（cm）	2.40	果梗长度（cm）	4.90	果形	牛角形
果肉厚（cm）	0.17	老熟果色	红色	辣味	辣

种质名称：CXX059					
子叶颜色	浅绿色	株型	半直立	株高（cm）	51.00
株幅（cm）	58.50	分枝类型	无限分枝	主茎色	绿带紫条纹
茎茸毛	稀	叶形	披针形	叶色	深绿色
叶缘	全缘	叶片长（cm）	10.50	叶片宽（cm）	5.25
叶柄长（cm）	6.00	叶面特征	微皱	首花节位	8
花冠色	白色	花药颜色	蓝色	花柱颜色	白色
花柱长度	与雄蕊近等长	花梗着生状态	下垂	青熟果色	绿色
果面棱沟	浅	果面光泽	有	商品果纵径（cm）	13.20
商品果横径（cm）	4.50	果梗长度（cm）	5.60	果形	牛角形
果肉厚（cm）	0.15	老熟果色	红色	辣味	微辣

种质名称：CXX067					
子叶颜色	浅绿色	株型	半直立	株高（cm）	55.50
株幅（cm）	57.50	分枝类型	无限分枝	主茎色	绿色
茎茸毛	无	叶形	披针形	叶色	深绿色
叶缘	全缘	叶片长（cm）	10.00	叶片宽（cm）	4.85
叶柄长（cm）	3.50	叶面特征	微皱	首花节位	8
花冠色	白色	花药颜色	紫色	花柱颜色	紫色
花柱长度	长于雄蕊	花梗着生状态	直立	青熟果色	深绿色
果面棱沟	浅	果面光泽	有	商品果纵径（cm）	14.20
商品果横径（cm）	2.20	果梗长度（cm）	3.40	果形	牛角形
果肉厚（cm）	0.03	老熟果色	红色	辣味	微辣

种质名称：CXX069					
子叶颜色	浅绿色	株型	直立	株高（cm）	66.00
株幅（cm）	61.00	分枝类型	无限分枝	主茎色	浅绿色
茎茸毛	中	叶形	披针形	叶色	深绿色
叶缘	全缘	叶片长（cm）	12.00	叶片宽（cm）	5.50
叶柄长（cm）	6.50	叶面特征	微皱	首花节位	12
花冠色	白色	花药颜色	蓝色	花柱颜色	紫色
花柱长度	长于雄蕊	花梗着生状态	下垂	青熟果色	绿色
果面棱沟	无	果面光泽	有	商品果纵径（cm）	10.10
商品果横径（cm）	2.10	果梗长度（cm）	3.90	果形	牛角形
果肉厚（cm）	0.34	老熟果色	红色	辣味	微辣

种质名称：CXX070					
子叶颜色	浅绿色	株型	半直立	株高（cm）	67.00
株幅（cm）	67.00	分枝类型	无限分枝	主茎色	深绿色
茎茸毛	无	叶形	披针形	叶色	深绿色
叶缘	全缘	叶片长（cm）	10.00	叶片宽（cm）	5.60
叶柄长（cm）	7.00	叶面特征	微皱	首花节位	8
花冠色	白色	花药颜色	蓝色	花柱颜色	白色
花柱长度	长于雄蕊	花梗着生状态	下垂	青熟果色	黄绿色
果面棱沟	无	果面光泽	有	商品果纵径（cm）	10.70
商品果横径（cm）	1.90	果梗长度（cm）	3.00	果形	牛角形
果肉厚（cm）	0.21	老熟果色	红色	辣味	辣

种质名称：CXX072					
子叶颜色	浅绿色	株型	开展	株高（cm）	65.00
株幅（cm）	63.00	分枝类型	无限分枝	主茎色	深绿色
茎茸毛	稀	叶形	披针形	叶色	深绿色
叶缘	全缘	叶片长（cm）	9.25	叶片宽（cm）	4.15
叶柄长（cm）	4.75	叶面特征	微皱	首花节位	9
花冠色	白色	花药颜色	蓝色	花柱颜色	白色
花柱长度	长于雄蕊	花梗着生状态	下垂	青熟果色	绿色
果面棱沟	无	果面光泽	有	商品果纵径（cm）	7.50
商品果横径（cm）	2.20	果梗长度（cm）	3.20	果形	短牛角形
果肉厚（cm）	0.34	老熟果色	红色	辣味	微辣

种质名称：CXX078					
子叶颜色	浅绿色	株型	半直立	株高（cm）	50.67
株幅（cm）	63.67	分枝类型	无限分枝	主茎色	绿色
茎茸毛	无	叶形	披针形	叶色	深绿色
叶缘	全缘	叶片长（cm）	11.43	叶片宽（cm）	5.20
叶柄长（cm）	6.00	叶面特征	微皱	首花节位	8
花冠色	白色	花药颜色	蓝色	花柱颜色	白色
花柱长度	与雄蕊近等长	花梗着生状态	下垂	青熟果色	绿色
果面棱沟	浅	果面光泽	有	商品果纵径（cm）	14.20
商品果横径（cm）	4.40	果梗长度（cm）	4.20	果形	长牛角形
果肉厚（cm）	0.28	老熟果色	红色	辣味	极轻微辣

种质名称：CXX090					
子叶颜色	浅绿色	株型	半直立	株高（cm）	45.00
株幅（cm）	46.67	分枝类型	无限分枝	主茎色	绿带紫条纹
茎茸毛	无	叶形	披针形	叶色	深绿色
叶缘	全缘	叶片长（cm）	11.67	叶片宽（cm）	5.23
叶柄长（cm）	5.73	叶面特征	微皱	首花节位	7
花冠色	白色	花药颜色	蓝色	花柱颜色	白色
花柱长度	与雄蕊近等长	花梗着生状态	下垂	青熟果色	绿色
果面棱沟	浅	果面光泽	有	商品果纵径（cm）	11.20
商品果横径（cm）	2.40	果梗长度（cm）	4.30	果形	长牛角形
果肉厚（cm）	0.41	老熟果色	红色	辣味	极轻微辣

种质名称：CXX101					
子叶颜色	浅绿色	株型	半直立	株高（cm）	57.00
株幅（cm）	54.50	分枝类型	无限分枝	主茎色	绿色
茎茸毛	无	叶形	披针形	叶色	深绿色
叶缘	全缘	叶片长（cm）	13.50	叶片宽（cm）	6.50
叶柄长（cm）	6.75	叶面特征	微皱	首花节位	10
花冠色	白色	花药颜色	蓝色	花柱颜色	白色
花柱长度	短于雄蕊	花梗着生状态	下垂	青熟果色	浅绿色
果面棱沟	浅	果面光泽	有	商品果纵径（cm）	10.90
商品果横径（cm）	4.10	果梗长度（cm）	3.30	果形	长牛角形
果肉厚（cm）	0.43	老熟果色	红色	辣味	微辣

种质名称：CXX102					
子叶颜色	浅绿色	株型	半直立	株高（cm）	69.00
株幅（cm）	58.50	分枝类型	无限分枝	主茎色	绿带紫条纹
茎茸毛	无	叶形	披针形	叶色	深绿色
叶缘	全缘	叶片长（cm）	12.15	叶片宽（cm）	5.40
叶柄长（cm）	7.50	叶面特征	微皱	首花节位	15
花冠色	白色	花药颜色	蓝色	花柱颜色	白色
花柱长度	长于雄蕊	花梗着生状态	下垂	青熟果色	绿色
果面棱沟	无	果面光泽	有	商品果纵径（cm）	10.50
商品果横径（cm）	2.70	果梗长度（cm）	3.10	果形	长牛角形
果肉厚（cm）	0.21	老熟果色	红色	辣味	辣

种质名称：CXX104					
子叶颜色	浅绿色	株型	半直立	株高（cm）	48.50
株幅（cm）	61.00	分枝类型	无限分枝	主茎色	浅绿色
茎茸毛	无	叶形	披针形	叶色	深绿色
叶缘	全缘	叶片长（cm）	10.00	叶片宽（cm）	5.05
叶柄长（cm）	5.25	叶面特征	微皱	首花节位	微皱
花冠色	白色	花药颜色	蓝色	花柱颜色	白色
花柱长度	短于雄蕊	花梗着生状态	下垂	青熟果色	绿色
果面棱沟	中	果面光泽	有	商品果纵径（cm）	8.60
商品果横径（cm）	3.50	果梗长度（cm）	4.10	果形	牛角形
果肉厚（cm）	0.40	老熟果色	红色	辣味	微辣

种质名称：CXX106					
子叶颜色	浅绿色	株型	半直立	株高（cm）	66.50
株幅（cm）	63.00	分枝类型	无限分枝	主茎色	绿带紫条纹
茎茸毛	无	叶形	披针形	叶色	深绿色
叶缘	全缘	叶片长（cm）	11.75	叶片宽（cm）	5.60
叶柄长（cm）	7.75	叶面特征	微皱	首花节位	12
花冠色	白色	花药颜色	蓝色	花柱颜色	白色
花柱长度	短于雄蕊	花梗着生状态	下垂	青熟果色	绿色
果面棱沟	浅	果面光泽	有	商品果纵径（cm）	5.60
商品果横径（cm）	1.40	果梗长度（cm）	2.60	果形	牛角形
果肉厚（cm）	0.17	老熟果色	红色	辣味	辣

种质名称：CXX108					
子叶颜色	浅绿色	株型	半直立	株高（cm）	41.50
株幅（cm）	42.50	分枝类型	无限分枝	主茎色	绿带紫条纹
茎茸毛	无	叶形	披针形	叶色	深绿色
叶缘	全缘	叶片长（cm）	14.25	叶片宽（cm）	8.00
叶柄长（cm）	8.25	叶面特征	微皱	首花节位	10
花冠色	白色	花药颜色	紫色	花柱颜色	白色
花柱长度	长于雄蕊	花梗着生状态	下垂	青熟果色	绿色
果面棱沟	中	果面光泽	有	商品果纵径（cm）	9.10
商品果横径（cm）	1.80	果梗长度（cm）	4.10	果形	短牛角形
果肉厚（cm）	0.24	老熟果色	红色	辣味	微辣

种质名称：CXX124					
子叶颜色	浅绿色	株型	开展	株高（cm）	36.67
株幅（cm）	46.67	分枝类型	有限分枝	主茎色	浅绿色
茎茸毛	无	叶形	披针形	叶色	深绿色
叶缘	全缘	叶片长（cm）	8.17	叶片宽（cm）	4.13
叶柄长（cm）	5.17	叶面特征	微皱	首花节位	8
花冠色	白色	花药颜色	紫色	花柱颜色	紫色
花柱长度	长于雄蕊	花梗着生状态	下垂	青熟果色	浅绿色
果面棱沟	浅	果面光泽	有	商品果纵径（cm）	7.82
商品果横径（cm）	2.12	果梗长度（cm）	3.12	果形	短牛角形
果肉厚（cm）	0.24	老熟果色	红色	辣味	微辣

种质名称：CXX145					
子叶颜色	浅绿色	株型	半直立	株高（cm）	62.32
株幅（cm）	66.22	分枝类型	无限分枝	主茎色	绿色
茎茸毛	无	叶形	长卵圆形	叶色	深绿色
叶缘	全缘	叶片长（cm）	14.23	叶片宽（cm）	6.81
叶柄长（cm）	7.52	叶面特征	微皱	首花节位	8
花冠色	白色	花药颜色	蓝色	花柱颜色	紫色
花柱长度	短于雄蕊	花梗着生状态	下垂	青熟果色	浅绿色
果面棱沟	无	果面光泽	有	商品果纵径（cm）	13.32
商品果横径（cm）	3.51	果梗长度（cm）	4.22	果形	牛角形
果肉厚（cm）	0.15	老熟果色	红色	辣味	极轻微辣

种质名称：CXX151					
子叶颜色	浅绿色	株型	半直立	株高（cm）	62.34
株幅（cm）	54.13	分枝类型	无限分枝	主茎色	绿带紫条纹
茎茸毛	无	叶形	长卵圆形	叶色	深绿色
叶缘	全缘	叶片长（cm）	13.15	叶片宽（cm）	6.12
叶柄长（cm）	7.51	叶面特征	微皱	首花节位	11
花冠色	白色	花药颜色	紫色	花柱颜色	白色
花柱长度	与雄蕊等长	花梗着生状态	下垂	青熟果色	绿色
果面棱沟	无	果面光泽	有	商品果纵径（cm）	10.72
商品果横径（cm）	2.32	果梗长度（cm）	4.92	果形	牛角形
果肉厚（cm）	0.14	老熟果色	橘色	辣味	无辣味

种质名称：CXX155					
子叶颜色	浅绿色	株型	半直立	株高（cm）	57.15
株幅（cm）	47.23	分枝类型	无限分枝	主茎色	绿带紫条纹
茎茸毛	无	叶形	长卵圆形	叶色	深绿色
叶缘	全缘	叶片长（cm）	9.61	叶片宽（cm）	5.32
叶柄长（cm）	4.51	叶面特征	微皱	首花节位	11
花冠色	白色	花药颜色	蓝色	花柱颜色	紫色
花柱长度	短于雄蕊	花梗着生状态	下垂	青熟果色	浅绿色
果面棱沟	无	果面光泽	有	商品果纵径（cm）	14.12
商品果横径（cm）	4.22	果梗长度（cm）	4.24	果形	牛角形
果肉厚（cm）	0.23	老熟果色	橘色	辣味	无辣味

种质名称：CXX166					
子叶颜色	浅绿色	株型	半直立	株高（cm）	88.23
株幅（cm）	55.31	分枝类型	无限分枝	主茎色	绿色
茎茸毛	无	叶形	长卵圆形	叶色	深绿色
叶缘	全缘	叶片长（cm）	13.71	叶片宽（cm）	6.21
叶柄长（cm）	2.52	叶面特征	微皱	首花节位	19
花冠色	白色	花药颜色	紫色	花柱颜色	紫色
花柱长度	长于雄蕊	花梗着生状态	下垂	青熟果色	浅绿色
果面棱沟	浅	果面光泽	有	商品果纵径（cm）	7.13
商品果横径（cm）	3.61	果梗长度（cm）	7.22	果形	长灯笼形
果肉厚（cm）	0.21	老熟果色	橘红色	辣味	极轻微辣

种质名称：CXX167					
子叶颜色	浅绿色	株型	半直立	株高（cm）	73.13
株幅（cm）	53.13	分枝类型	无限分枝	主茎色	绿色
茎茸毛	无	叶形	长卵圆形	叶色	深绿色
叶缘	全缘	叶片长（cm）	11.82	叶片宽（cm）	5.21
叶柄长（cm）	7.22	叶面特征	微皱	首花节位	21
花冠色	白色	花药颜色	紫色	花柱颜色	紫色
花柱长度	长于雄蕊	花梗着生状态	下垂	青熟果色	黄绿色
果面棱沟	无	果面光泽	有	商品果纵径（cm）	8.14
商品果横径（cm）	3.13	果梗长度（cm）	6.91	果形	牛角形
果肉厚（cm）	0.09	老熟果色	橘红色	辣味	辣

种质名称：CXX169					
子叶颜色	浅绿色	株型	半直立	株高（cm）	67.31
株幅（cm）	52.44	分枝类型	无限分枝	主茎色	绿色
茎茸毛	无	叶形	长卵圆形	叶色	深绿色
叶缘	全缘	叶片长（cm）	46.22	叶片宽（cm）	9.39
叶柄长（cm）	4.52	叶面特征	微皱	首花节位	19
花冠色	白色	花药颜色	紫色	花柱颜色	紫色
花柱长度	长于雄蕊	花梗着生状态	下垂	青熟果色	黄绿色
果面棱沟	浅	果面光泽	有	商品果纵径（cm）	10.61
商品果横径（cm）	3.13	果梗长度（cm）	4.81	果形	长牛角形
果肉厚（cm）	0.23	老熟果色	橘红色	辣味	极轻微辣

种质名称：CXX171					
子叶颜色	浅绿色	株型	半直立	株高（cm）	61.41
株幅（cm）	64.51	分枝类型	无限分枝	主茎色	浅绿色
茎茸毛	无	叶形	长卵圆形	叶色	深绿色
叶缘	全缘	叶片长（cm）	9.32	叶片宽（cm）	5.52
叶柄长（cm）	4.75	叶面特征	微皱	首花节位	13
花冠色	白色	花药颜色	紫色	花柱颜色	白色
花柱长度	长于雄蕊	花梗着生状态	下垂	青熟果色	黄绿色
果面棱沟	无	果面光泽	有	商品果纵径（cm）	17.23
商品果横径（cm）	33.22	果梗长度（cm）	6.32	果形	长牛角形
果肉厚（cm）	0.16	老熟果色	红色	辣味	无辣味

种质名称：CXX174					
子叶颜色	浅绿色	株型	直立	株高（cm）	80.22
株幅（cm）	58.11	分枝类型	无限分枝	主茎色	绿色
茎茸毛	密	叶形	长卵圆形	叶色	深绿色
叶缘	全缘	叶片长（cm）	16.13	叶片宽（cm）	7.81
叶柄长（cm）	4.22	叶面特征	微皱	首花节位	18
花冠色	白色	花药颜色	紫色	花柱颜色	紫色
花柱长度	长于雄蕊	花梗着生状态	下垂	青熟果色	浅绿色
果面棱沟	浅	果面光泽	有	商品果纵径（cm）	10.72
商品果横径（cm）	5.13	果梗长度（cm）	5.92	果形	长灯笼形
果肉厚（cm）	0.25	老熟果色	橘红色	辣味	极轻微辣

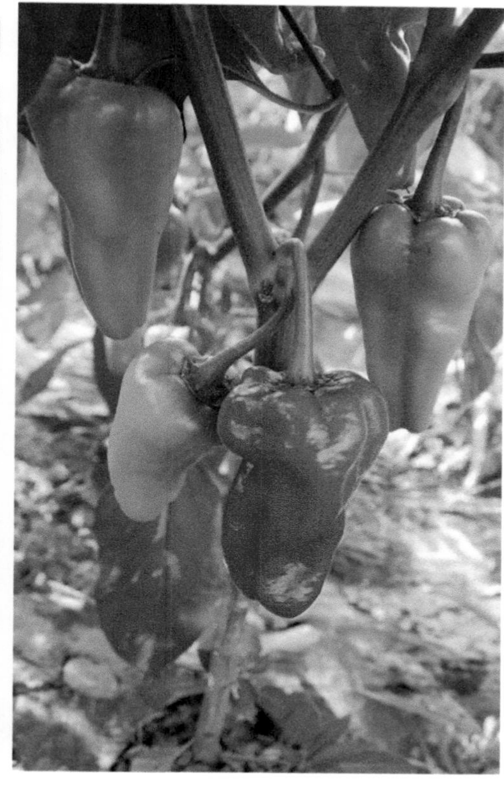

种质名称：CXX179					
子叶颜色	浅绿色	株型	半直立	株高（cm）	48.22
株幅（cm）	50.21	分枝类型	无限分枝	主茎色	深绿色
茎茸毛	中	叶形	长卵圆形	叶色	深绿色
叶缘	波纹状	叶片长（cm）	13.52	叶片宽（cm）	7.13
叶柄长（cm）	7.52	叶面特征	微皱	首花节位	7
花冠色	白色	花药颜色	蓝色	花柱颜色	白色
花柱长度	短于雄蕊	花梗着生状态	下垂	青熟果色	绿色
果面棱沟	浅	果面光泽	有	商品果纵径（cm）	12.32
商品果横径（cm）	4.91	果梗长度（cm）	4.81	果形	长牛角形
果肉厚（cm）	0.31	老熟果色	黄色	辣味	无辣味

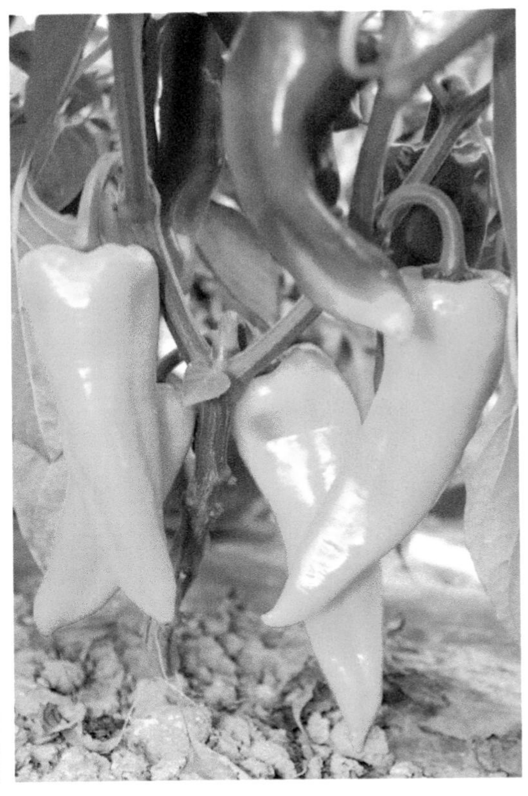

种质名称：CXX182					
子叶颜色	浅绿色	株型	半直立	株高（cm）	58.21
株幅（cm）	52.41	分枝类型	无限分枝	主茎色	绿色
茎茸毛	无	叶形	卵圆形	叶色	深绿色
叶缘	全缘	叶片长（cm）	11.12	叶片宽（cm）	5.52
叶柄长（cm）	5.13	叶面特征	微皱	首花节位	7
花冠色	白色	花药颜色	蓝色	花柱颜色	白色
花柱长度	短于雄蕊	花梗着生状态	下垂	青熟果色	绿色
果面棱沟	无	果面光泽	有	商品果纵径（cm）	12.51
商品果横径（cm）	4.32	果梗长度（cm）	5.42	果形	牛角形
果肉厚（cm）	0.43	老熟果色	红色	辣味	无辣味

种质名称：CXX198					
子叶颜色	浅绿色	株型	半直立	株高（cm）	52.22
株幅（cm）	42.22	分枝类型	无限分枝	主茎色	深绿色
茎茸毛	无	叶形	披针形	叶色	深绿色
叶缘	全缘	叶片长（cm）	10.32	叶片宽（cm）	4.21
叶柄长（cm）	4.02	叶面特征	微皱	首花节位	8
花冠色	白色	花药颜色	蓝色	花柱颜色	白色
花柱长度	短于雄蕊	花梗着生状态	下垂	青熟果色	黄绿色
果面棱沟	浅	果面光泽	有	商品果纵径（cm）	13.12
商品果横径（cm）	3.51	果梗长度（cm）	4.11	果形	牛角形
果肉厚（cm）	0.35	老熟果色	红色	辣味	微辣

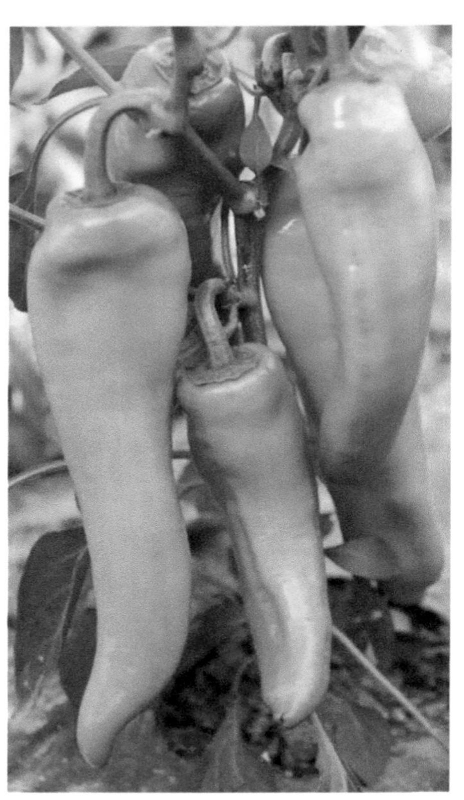

种质名称：CXX206					
子叶颜色	浅绿色	株型	半直立	株高（cm）	58.06
株幅（cm）	44.01	分枝类型	无限分枝	主茎色	绿带紫条纹
茎茸毛	无	叶形	披针形	叶色	深绿色
叶缘	波纹状	叶片长（cm）	12.06	叶片宽（cm）	4.75
叶柄长（cm）	6.52	叶面特征	微皱	首花节位	9
花冠色	白色	花药颜色	紫色	花柱颜色	白色
花柱长度	短于雄蕊	花梗着生状态	下垂	青熟果色	绿色
果面棱沟	无	果面光泽	有	商品果纵径（cm）	11.82
商品果横径（cm）	2.31	果梗长度（cm）	3.81	果形	长牛角形
果肉厚（cm）	0.32	老熟果色	红色	辣味	微辣

种质名称：CXX211					
子叶颜色	浅绿色	株型	开展	株高（cm）	72.21
株幅（cm）	60.22	分枝类型	无限分枝	主茎色	绿带紫条纹
茎茸毛	稀	叶形	披针形	叶色	深绿色
叶缘	全缘	叶片长（cm）	10.01	叶片宽（cm）	5.21
叶柄长（cm）	5.02	叶面特征	微皱	首花节位	7
花冠色	白色	花药颜色	蓝色	花柱颜色	白色
花柱长度	长于雄蕊	花梗着生状态	下垂	青熟果色	绿色
果面棱沟	浅	果面光泽	有	商品果纵径（cm）	18.61
商品果横径（cm）	3.61	果梗长度（cm）	3.92	果形	牛角形
果肉厚（cm）	0.35	老熟果色	红色	辣味	无辣味

种质名称：CXX213					
子叶颜色	浅绿色	株型	开展	株高（cm）	55.02
株幅（cm）	56.02	分枝类型	无限分枝	主茎色	绿带紫条纹
茎茸毛	稀	叶形	披针形	叶色	深绿色
叶缘	波纹状	叶片长（cm）	11.25	叶片宽（cm）	5.25
叶柄长（cm）	6.75	叶面特征	微皱	首花节位	7
花冠色	白色	花药颜色	紫色	花柱颜色	白色
花柱长度	短于雄蕊	花梗着生状态	下垂	青熟果色	浅绿色
果面棱沟	无	果面光泽	有	商品果纵径（cm）	11.92
商品果横径（cm）	3.72	果梗长度（cm）	2.91	果形	牛角形
果肉厚（cm）	0.44	老熟果色	红色	辣味	无辣味

种质名称：CXX216					
子叶颜色	浅绿色	株型	半直立	株高（cm）	67.22
株幅（cm）	57.21	分枝类型	无限分枝	主茎色	绿带紫条纹
茎茸毛	稀	叶形	披针形	叶色	深绿色
叶缘	全缘	叶片长（cm）	10.52	叶片宽（cm）	6.02
叶柄长（cm）	5.02	叶面特征	微皱	首花节位	9
花冠色	白色	花药颜色	紫色	花柱颜色	紫色
花柱长度	长于雄蕊	花梗着生状态	下垂	青熟果色	绿色
果面棱沟	无	果面光泽	有	商品果纵径（cm）	10.71
商品果横径（cm）	3.71	果梗长度（cm）	4.51	果形	牛角形
果肉厚（cm）	0.29	老熟果色	红色	辣味	极轻微辣

种质名称：CXX218					
子叶颜色	浅绿色	株型	半直立	株高（cm）	62.51
株幅（cm）	55.51	分枝类型	无限分枝	主茎色	浅绿色
茎茸毛	稀	叶形	披针形	叶色	深绿色
叶缘	全缘	叶片长（cm）	11.15	叶片宽（cm）	5.10
叶柄长（cm）	6.25	叶面特征	微皱	首花节位	8
花冠色	白色	花药颜色	紫色	花柱颜色	白色
花柱长度	短于雄蕊	花梗着生状态	下垂	青熟果色	浅绿色
果面棱沟	无	果面光泽	有	商品果纵径（cm）	12.12
商品果横径（cm）	3.21	果梗长度（cm）	3.92	果形	牛角形
果肉厚（cm）	0.31	老熟果色	红色	辣味	极轻微辣

种质名称：CXX252					
子叶颜色	浅绿色	株型	半直立	株高（cm）	55.13
株幅（cm）	44.21	分枝类型	无限分枝	主茎色	浅绿色
茎茸毛	无	叶形	长卵圆形	叶色	深绿色
叶缘	波纹状	叶片长（cm）	14.51	叶片宽（cm）	6.51
叶柄长（cm）	8.51	叶面特征	微皱	首花节位	6
花冠色	白色	花药颜色	紫色	花柱颜色	白色
花柱长度	短于雄蕊	花梗着生状态	下垂	青熟果色	黄绿色
果面棱沟	浅	果面光泽	有	商品果纵径（cm）	19.42
商品果横径（cm）	6.92	果梗长度（cm）	5.41	果形	牛角形
果肉厚（cm）	0.63	老熟果色	红色	辣味	无辣味

种质名称：CXX326					
子叶颜色	浅绿色	株型	半直立	株高（cm）	68.52
株幅（cm）	51.51	分枝类型	无限分枝	主茎色	深绿色
茎茸毛	稀	叶形	披针形	叶色	深绿色
叶缘	全缘	叶片长（cm）	12.75	叶片宽（cm）	6.75
叶柄长（cm）	6.75	叶面特征	微皱	首花节位	9
花冠色	白色	花药颜色	紫色	花柱颜色	紫色
花柱长度	与雄蕊近等长	花梗着生状态	下垂	青熟果色	黄绿色
果面棱沟	浅	果面光泽	有	商品果纵径（cm）	17.21
商品果横径（cm）	5.32	果梗长度（cm）	7.91	果形	牛角形
果肉厚（cm）	0.36	老熟果色	黄色	辣味	无辣味

种质名称：CXX455					
子叶颜色	浅绿色	株型	半直立	株高（cm）	45.32
株幅（cm）	44.12	分枝类型	无限分枝	主茎色	浅绿色
茎茸毛	无	叶形	披针形	叶色	深绿色
叶缘	全缘	叶片长（cm）	11.32	叶片宽（cm）	4.22
叶柄长（cm）	8.01	叶面特征	微皱	首花节位	7
花冠色	白色	花药颜色	紫色	花柱颜色	白色
花柱长度	短于雄蕊	花梗着生状态	下垂	青熟果色	黄绿色
果面棱沟	浅	果面光泽	有	商品果纵径（cm）	15.41
商品果横径（cm）	3.22	果梗长度（cm）	5.21	果形	长牛角形
果肉厚（cm）	0.31	老熟果色	红色	辣味	极轻微辣

种质名称：CXX459					
子叶颜色	浅绿色	株型	半直立	株高（cm）	44.22
株幅（cm）	36.22	分枝类型	无限分枝	主茎色	深绿色
茎茸毛	无	叶形	长卵圆形	叶色	深绿色
叶缘	波纹状	叶片长（cm）	10.02	叶片宽（cm）	4.51
叶柄长（cm）	6.51	叶面特征	皱	首花节位	7
花冠色	白色	花药颜色	蓝色	花柱颜色	白色
花柱长度	短于雄蕊	花梗着生状态	下垂	青熟果色	深绿色
果面棱沟	浅	果面光泽	有	商品果纵径（cm）	20.52
商品果横径（cm）	4.21	果梗长度（cm）	3.71	果形	长牛角形
果肉厚（cm）	0.41	老熟果色	黄色	辣味	无辣味

种质名称：CXX470					
子叶颜色	浅绿色	株型	半直立	株高（cm）	48.56
株幅（cm）	49.43	分枝类型	无限分枝	主茎色	浅绿色
茎茸毛	无	叶形	长卵圆形	叶色	深绿色
叶缘	全缘	叶片长（cm）	11.35	叶片宽（cm）	5.12
叶柄长（cm）	4.53	叶面特征	微皱	首花节位	6
花冠色	白色	花药颜色	蓝色	花柱颜色	白色
花柱长度	短于雄蕊	花梗着生状态	下垂	青熟果色	紫色
果面棱沟	浅	果面光泽	有	商品果纵径（cm）	8.72
商品果横径（cm）	3.85	果梗长度（cm）	4.51	果形	牛角形
果肉厚（cm）	0.44	老熟果色	红色	辣味	无辣味

种质名称：CXX478					
子叶颜色	浅绿色	株型	半直立	株高（cm）	44.43
株幅（cm）	52.21	分枝类型	无限分枝	主茎色	浅绿色
茎茸毛	无	叶形	披针形	叶色	深绿色
叶缘	全缘	叶片长（cm）	9.43	叶片宽（cm）	4.51
叶柄长（cm）	6.25	叶面特征	微皱	首花节位	5
花冠色	白色	花药颜色	紫色	花柱颜色	紫色
花柱长度	长于雄蕊	花梗着生状态	下垂	青熟果色	浅绿色
果面棱沟	浅	果面光泽	有	商品果纵径（cm）	12.56
商品果横径（cm）	3.32	果梗长度（cm）	4.51	果形	牛角形
果肉厚（cm）	0.26	老熟果色	红色	辣味	微辣

种质名称：CXX490					
子叶颜色	浅绿色	株型	半直立	株高（cm）	52.43
株幅（cm）	65.34	分枝类型	无限分枝	主茎色	浅绿色
茎茸毛	无	叶形	披针形	叶色	深绿色
叶缘	全缘	叶片长（cm）	10.31	叶片宽（cm）	5.11
叶柄长（cm）	4.53	叶面特征	微皱	首花节位	10
花冠色	白色	花药颜色	紫色	花柱颜色	白色
花柱长度	长于雄蕊	花梗着生状态	下垂	青熟果色	绿色
果面棱沟	无	果面光泽	有	商品果纵径（cm）	10.42
商品果横径（cm）	3.42	果梗长度（cm）	5.11	果形	牛角形
果肉厚（cm）	0.22	老熟果色	红色	辣味	无辣味

种质名称：CXX493					
子叶颜色	浅绿色	株型	半直立	株高（cm）	52.21
株幅（cm）	30.22	分枝类型	无限分枝	主茎色	绿色
茎茸毛	无	叶形	长卵圆形	叶色	深绿色
叶缘	波纹状	叶片长（cm）	14.14	叶片宽（cm）	6.13
叶柄长（cm）	7.51	叶面特征	皱	首花节位	5
花冠色	白色	花药颜色	蓝色	花柱颜色	白色
花柱长度	短于雄蕊	花梗着生状态	下垂	青熟果色	黄绿色
果面棱沟	浅	果面光泽	有	商品果纵径（cm）	22.72
商品果横径（cm）	4.32	果梗长度（cm）	6.52	果形	长牛角形
果肉厚（cm）	0.45	老熟果色	红色	辣味	无辣味

种质名称：CXX522					
子叶颜色	浅绿色	株型	半直立	株高（cm）	69.33
株幅（cm）	52.33	分枝类型	无限分枝	主茎色	绿色
茎茸毛	无	叶形	长卵圆形	叶色	绿色
叶缘	全缘	叶片长（cm）	11.21	叶片宽（cm）	5.21
叶柄长（cm）	4.51	叶面特征	微皱	首花节位	6
花冠色	白色	花药颜色	紫色	花柱颜色	白色
花柱长度	短于雄蕊	花梗着生状态	下垂	青熟果色	绿色
果面棱沟	浅	果面光泽	有	商品果纵径（cm）	25.12
商品果横径（cm）	4.72	果梗长度（cm）	5.62	果形	牛角形
果肉厚（cm）	0.32	老熟果色	红色	辣味	无辣味

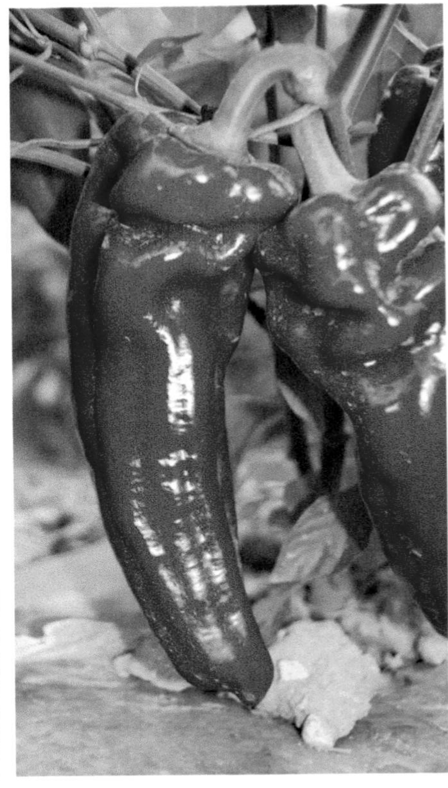

种质名称：CXX526					
子叶颜色	浅绿色	株型	半直立	株高（cm）	56.22
株幅（cm）	34.21	分枝类型	无限分枝	主茎色	绿带紫条纹
茎茸毛	无	叶形	长卵圆形	叶色	绿色
叶缘	全缘	叶片长（cm）	13.34	叶片宽（cm）	7.21
叶柄长（cm）	7.11	叶面特征	微皱	首花节位	6
花冠色	白色	花药颜色	蓝色	花柱颜色	白色
花柱长度	长于雄蕊	花梗着生状态	下垂	青熟果色	浅绿色
果面棱沟	浅	果面光泽	有	商品果纵径（cm）	20.62
商品果横径（cm）	7.32	果梗长度（cm）	4.62	果形	牛角形
果肉厚（cm）	0.44	老熟果色	红色	辣味	无辣味

种质名称：CXX548					
子叶颜色	浅绿色	株型	半直立	株高（cm）	42.11
株幅（cm）	34.22	分枝类型	无限分枝	主茎色	绿带紫条纹
茎茸毛	无	叶形	披针形	叶色	深绿色
叶缘	波纹状	叶片长（cm）	11.52	叶片宽（cm）	5.83
叶柄长（cm）	5.11	叶面特征	微皱	首花节位	6
花冠色	白色	花药颜色	紫色	花柱颜色	白色
花柱长度	短于雄蕊	花梗着生状态	下垂	青熟果色	浅绿色
果面棱沟	浅	果面光泽	有	商品果纵径（cm）	15.32
商品果横径（cm）	3.72	果梗长度（cm）	4.32	果形	牛角形
果肉厚（cm）	0.31	老熟果色	红色	辣味	辣

种质名称：VGS178					
子叶颜色	浅绿色	株型	半直立	株高（cm）	53.01
株幅（cm）	54.02	分枝类型	无限分枝	主茎色	绿带紫条纹
茎茸毛	稀	叶形	长卵圆形	叶色	深绿色
叶缘	全缘	叶片长（cm）	16.32	叶片宽（cm）	8.32
叶柄长（cm）	9.51	叶面特征	微皱	首花节位	5
花冠色	白色	花药颜色	蓝色	花柱颜色	白色
花柱长度	短于雄蕊	花梗着生状态	下垂	青熟果色	紫黑色
果面棱沟	无	果面光泽	有	商品果纵径（cm）	13.21
商品果横径（cm）	3.42	果梗长度（cm）	3.62	果形	长牛角形
果肉厚（cm）	0.27	老熟果色	红色	辣味	无辣味

种质名称：VGS180					
子叶颜色	浅绿色	株型	直立	株高（cm）	57.03
株幅（cm）	49.02	分枝类型	无限分枝	主茎色	绿色
茎茸毛	稀	叶形	长卵圆形	叶色	绿色
叶缘	全缘	叶片长（cm）	22.51	叶片宽（cm）	11.52
叶柄长（cm）	14.01	叶面特征	微皱	首花节位	6
花冠色	白色	花药颜色	蓝色	花柱颜色	白色
花柱长度	短于雄蕊	花梗着生状态	下垂	青熟果色	紫色
果面棱沟	浅	果面光泽	有	商品果纵径（cm）	12.51
商品果横径（cm）	5.63	果梗长度（cm）	2.51	果形	长牛角形
果肉厚（cm）	0.46	老熟果色	红色	辣味	无辣味

种质名称：VGS443					
子叶颜色	浅绿色	株型	半直立	株高（cm）	76.02
株幅（cm）	60.02	分枝类型	无限分枝	主茎色	绿色
茎茸毛	无	叶形	卵圆形	叶色	深绿色
叶缘	全缘	叶片长（cm）	17.01	叶片宽（cm）	7.02
叶柄长（cm）	10.51	叶面特征	微皱	首花节位	11
花冠色	白色	花药颜色	浅蓝色	花柱颜色	白色
花柱长度	与雄蕊近等长	花梗着生状态	下垂	青熟果色	绿色
果面棱沟	浅	果面光泽	有	商品果纵径（cm）	10.51
商品果横径（cm）	2.72	果梗长度（cm）	3.22	果形	长牛角形
果肉厚（cm）	0.28	老熟果色	红色	辣味	无辣味

种质名称：CXX203					
子叶颜色	浅绿色	株型	半直立	株高（cm）	69.52
株幅（cm）	51.02	分枝类型	无限分枝	主茎色	绿带紫条纹
茎茸毛	无	叶形	披针形	叶色	深绿色
叶缘	波纹状	叶片长（cm）	11.52	叶片宽（cm）	23.50
叶柄长（cm）	8.75	叶面特征	微皱	首花节位	8
花冠色	白色	花药颜色	蓝色	花柱颜色	白色
花柱长度	短于雄蕊	花梗着生状态	下垂	青熟果色	深绿色
果面棱沟	浅	果面光泽	有	商品果纵径（cm）	21.21
商品果横径（cm）	3.12	果梗长度（cm）	3.12	果形	长羊角形
果肉厚（cm）	0.24	老熟果色	红色	辣味	无辣味

种质名称：CXX253					
子叶颜色	浅绿色	株型	半直立	株高（cm）	43.22
株幅（cm）	70.12	分枝类型	无限分枝	主茎色	浅绿色
茎茸毛	无	叶形	披针形	叶色	深绿色
叶缘	全缘	叶片长（cm）	13.04	叶片宽（cm）	4.14
叶柄长（cm）	7.52	叶面特征	微皱	首花节位	6
花冠色	白色	花药颜色	紫色	花柱颜色	白色
花柱长度	长于雄蕊	花梗着生状态	下垂	青熟果色	深绿色
果面棱沟	无	果面光泽	有	商品果纵径（cm）	19.71
商品果横径（cm）	2.91	果梗长度（cm）	5.71	果形	长羊角形
果肉厚（cm）	0.23	老熟果色	红色	辣味	辣

种质名称：CXX312					
子叶颜色	浅绿色	株型	半直立	株高（cm）	52.12
株幅（cm）	50.63	分枝类型	无限分枝	主茎色	绿带紫条纹
茎茸毛	无	叶形	披针形	叶色	深绿色
叶缘	全缘	叶片长（cm）	11.51	叶片宽（cm）	6.72
叶柄长（cm）	5.02	叶面特征	微皱	首花节位	7
花冠色	白色	花药颜色	紫色	花柱颜色	白色
花柱长度	短于雄蕊	花梗着生状态	下垂	青熟果色	黄绿色
果面棱沟	中	果面光泽	有	商品果纵径（cm）	20.16
商品果横径（cm）	3.42	果梗长度（cm）	5.26	果形	不规则形
果肉厚（cm）	0.31	老熟果色	红色	辣味	无辣味

种质名称：CXX325					
子叶颜色	浅绿色	株型	半直立	株高（cm）	44.43
株幅（cm）	49.62	分枝类型	无限分枝	主茎色	深绿色
茎茸毛	稀	叶形	长卵圆形	叶色	深绿色
叶缘	全缘	叶片长（cm）	12.01	叶片宽（cm）	5.91
叶柄长（cm）	4.51	叶面特征	微皱	首花节位	9
花冠色	白色	花药颜色	蓝色	花柱颜色	白色
花柱长度	与雄蕊近等长	花梗着生状态	下垂	青熟果色	浅绿色
果面棱沟	浅	果面光泽	有	商品果纵径（cm）	25.62
商品果横径（cm）	2.32	果梗长度（cm）	6.21	果形	线形
果肉厚（cm）	0.25	老熟果色	红色	辣味	极轻微辣

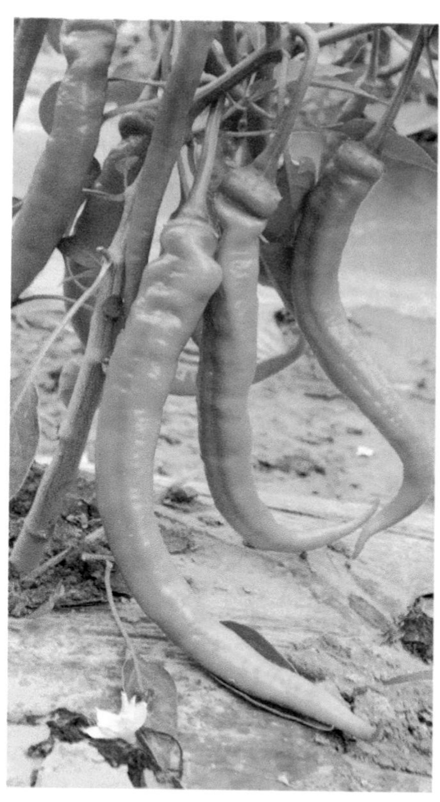

种质名称：CXX328					
子叶颜色	浅绿色	株型	开展	株高（cm）	66.42
株幅（cm）	56.42	分枝类型	无限分枝	主茎色	绿带紫条纹
茎茸毛	稀	叶形	披针形	叶色	深绿色
叶缘	全缘	叶片长（cm）	13.02	叶片宽（cm）	6.21
叶柄长（cm）	7.02	叶面特征	微皱	首花节位	10
花冠色	白色	花药颜色	蓝色	花柱颜色	白色
花柱长度	与雄蕊近等长	花梗着生状态	下垂	青熟果色	绿色
果面棱沟	无	果面光泽	有	商品果纵径（cm）	28.13
商品果横径（cm）	4.21	果梗长度（cm）	8.92	果形	长羊角形
果肉厚（cm）	0.37	老熟果色	红色	辣味	无辣味

种质名称：CXX330					
子叶颜色	浅绿色	株型	直立	株高（cm）	77.42
株幅（cm）	50.23	分枝类型	无限分枝	主茎色	深绿色
茎茸毛	稀	叶形	披针形	叶色	深绿色
叶缘	全缘	叶片长（cm）	14.33	叶片宽（cm）	7.52
叶柄长（cm）	8.52	叶面特征	微皱	首花节位	8
花冠色	白色	花药颜色	蓝色	花柱颜色	白色
花柱长度	长于雄蕊	花梗着生状态	下垂	青熟果色	浅绿色
果面棱沟	浅	果面光泽	有	商品果纵径（cm）	25.53
商品果横径（cm）	3.61	果梗长度（cm）	5.21	果形	不规则形
果肉厚（cm）	0.39	老熟果色	红色	辣味	无辣味

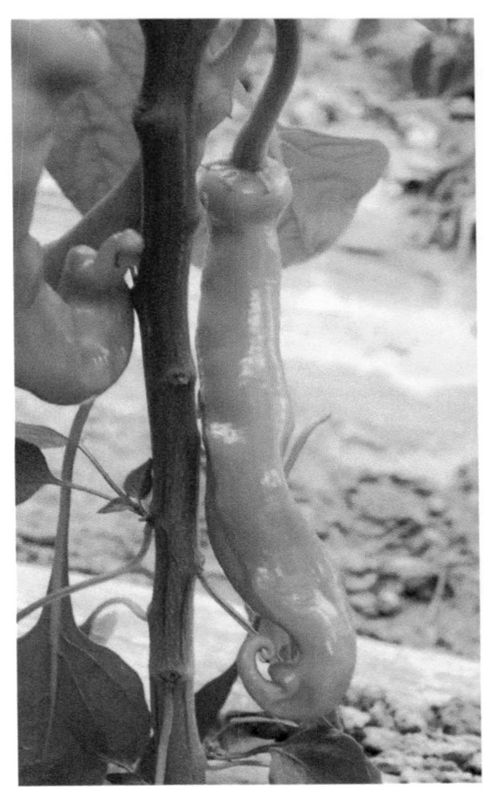

种质名称：CXX450					
子叶颜色	浅绿色	株型	开展	株高（cm）	34.32
株幅（cm）	34.21	分枝类型	无限分枝	主茎色	深绿色
茎茸毛	无	叶形	披针形	叶色	深绿色
叶缘	全缘	叶片长（cm）	8.03	叶片宽（cm）	3.02
叶柄长（cm）	5.01	叶面特征	微皱	首花节位	6
花冠色	白色	花药颜色	紫色	花柱颜色	白色
花柱长度	长于雄蕊	花梗着生状态	下垂	青熟果色	绿色
果面棱沟	浅	果面光泽	有	商品果纵径（cm）	14.21
商品果横径（cm）	2.02	果梗长度（cm）	3.41	果形	线形
果肉厚（cm）	0.16	老熟果色	红色	辣味	无辣味

种质名称：CXX500					
子叶颜色	浅绿色	株型	半直立	株高（cm）	46.32
株幅（cm）	52.21	分枝类型	无限分枝	主茎色	绿色
茎茸毛	无	叶形	披针形	叶色	深绿色
叶缘	全缘	叶片长（cm）	13.13	叶片宽（cm）	6.11
叶柄长（cm）	9.13	叶面特征	微皱	首花节位	6
花冠色	白色	花药颜色	蓝色	花柱颜色	白色
花柱长度	短于雄蕊	花梗着生状态	下垂	青熟果色	绿色
果面棱沟	浅	果面光泽	有	商品果纵径（cm）	15.72
商品果横径（cm）	3.22	果梗长度（cm）	4.22	果形	不规则形
果肉厚（cm）	0.21	老熟果色	红色	辣味	无辣味

种质名称：CXX551					
子叶颜色	浅绿色	株型	半直立	株高（cm）	57.13
株幅（cm）	42.22	分枝类型	无限分枝	主茎色	绿色
茎茸毛	无	叶形	长卵圆形	叶色	绿色
叶缘	全缘	叶片长（cm）	12.52	叶片宽（cm）	6.72
叶柄长（cm）	10.12	叶面特征	微皱	首花节位	8
花冠色	白色	花药颜色	紫色	花柱颜色	白色
花柱长度	短于雄蕊	花梗着生状态	下垂	青熟果色	绿色
果面棱沟	浅	果面光泽	有	商品果纵径（cm）	18.21
商品果横径（cm）	4.81	果梗长度（cm）	7.51	果形	长牛角形
果肉厚（cm）	0.38	老熟果色	黄色	辣味	微辣

种质名称：CXX591					
子叶颜色	浅绿色	株型	直立	株高（cm）	65.13
株幅（cm）	48.22	分枝类型	无限分枝	主茎色	绿带紫条纹
茎茸毛	无	叶形	披针形	叶色	绿色
叶缘	全缘	叶片长（cm）	15.75	叶片宽（cm）	7.21
叶柄长（cm）	7.12	叶面特征	微皱	首花节位	6
花冠色	白色	花药颜色	紫色	花柱颜色	白色
花柱长度	短于雄蕊	花梗着生状态	下垂	青熟果色	绿色
果面棱沟	浅	果面光泽	有	商品果纵径（cm）	24.71
商品果横径（cm）	3.32	果梗长度（cm）	8.22	果形	不规则形
果肉厚（cm）	0.29	老熟果色	红色	辣味	无辣味

种质名称：CXX614					
子叶颜色	浅绿色	株型	半直立	株高（cm）	70.32
株幅（cm）	52.11	分枝类型	无限分枝	主茎色	绿带紫条纹
茎茸毛	无	叶形	披针形	叶色	绿色
叶缘	波纹状	叶片长（cm）	13.22	叶片宽（cm）	6.51
叶柄长（cm）	5.51	叶面特征	微皱	首花节位	5
花冠色	白色	花药颜色	蓝色	花柱颜色	白色
花柱长度	短于雄蕊	花梗着生状态	下垂	青熟果色	黄绿色
果面棱沟	无	果面光泽	有	商品果纵径（cm）	11.92
商品果横径（cm）	1.52	果梗长度（cm）	6.21	果形	长羊角形
果肉厚（cm）	0.12	老熟果色	红色	辣味	微辣

种质名称：CXX644					
子叶颜色	浅绿色	株型	直立	株高（cm）	75.22
株幅（cm）	50.12	分枝类型	无限分枝	主茎色	浅绿色
茎茸毛	无	叶形	披针形	叶色	绿色
叶缘	波纹状	叶片长（cm）	13.51	叶片宽（cm）	7.51
叶柄长（cm）	6.52	叶面特征	微皱	首花节位	11
花冠色	白色	花药颜色	蓝色	花柱颜色	紫色
花柱长度	与雄蕊等长	花梗着生状态	下垂	青熟果色	绿色
果面棱沟	浅	果面光泽	有	商品果纵径（cm）	23.32
商品果横径（cm）	2.92	果梗长度（cm）	7.61	果形	长羊角形
果肉厚（cm）	0.33	老熟果色	红色	辣味	极轻微辣

种质名称：CXX008					
子叶颜色	浅绿色	株型	半直立	株高（cm）	55.00
株幅（cm）	41.50	分枝类型	无限分枝	主茎色	绿色
茎茸毛	密	叶形	披针形	叶色	深绿色
叶缘	全缘	叶片长（cm）	11.00	叶片宽（cm）	5.00
叶柄长（cm）	6.50	叶面特征	微皱	首花节位	11
花冠色	白色	花药颜色	蓝色	花柱颜色	白色
花柱长度	长于雄蕊	花梗着生状态	下垂	青熟果色	绿色
果面棱沟	无	果面光泽	有	商品果纵径（cm）	16.40
商品果横径（cm）	1.80	果梗长度（cm）	5.20	果形	线形
果肉厚（cm）	0.18	老熟果色	红色	辣味	辣

种质名称：CXX129					
子叶颜色	浅绿色	株型	直立	株高（cm）	62.31
株幅（cm）	59.34	分枝类型	有限分枝	主茎色	浅绿色
茎茸毛	稀	叶形	披针形	叶色	深绿色
叶缘	全缘	叶片长（cm）	11.12	叶片宽（cm）	5.12
叶柄长（cm）	6.12	叶面特征	微皱	首花节位	14
花冠色	白色	花药颜色	蓝色	花柱颜色	白色
花柱长度	长于雄蕊	花梗着生状态	下垂	青熟果色	绿色
果面棱沟	无	果面光泽	无	商品果纵径（cm）	11.21
商品果横径（cm）	0.73	果梗长度（cm）	2.41	果形	线形
果肉厚（cm）	0.22	老熟果色	红色	辣味	辣

种质名称：CXX130					
子叶颜色	浅绿色	株型	直立	株高（cm）	53.22
株幅（cm）	56.13	分枝类型	有限分枝	主茎色	浅绿色
茎茸毛	中	叶形	披针形	叶色	深绿色
叶缘	全缘	叶片长（cm）	12.32	叶片宽（cm）	6.31
叶柄长（cm）	4.21	叶面特征	微皱	首花节位	9
花冠色	白色	花药颜色	蓝色	花柱颜色	白色
花柱长度	长于雄蕊	花梗着生状态	下垂	青熟果色	绿色
果面棱沟	无	果面光泽	有	商品果纵径（cm）	15.71
商品果横径（cm）	1.32	果梗长度（cm）	3.92	果形	线形
果肉厚（cm）	0.24	老熟果色	红色	辣味	微辣

种质名称：CXX131					
子叶颜色	浅绿色	株型	直立	株高（cm）	51.21
株幅（cm）	47.32	分枝类型	有限分枝	主茎色	浅绿色
茎茸毛	稀	叶形	披针形	叶色	深绿色
叶缘	全缘	叶片长（cm）	11.13	叶片宽（cm）	5.32
叶柄长（cm）	6.13	叶面特征	微皱	首花节位	11
花冠色	白色	花药颜色	蓝色	花柱颜色	白色
花柱长度	长于雄蕊	花梗着生状态	下垂	青熟果色	绿色
果面棱沟	无	果面光泽	有	商品果纵径（cm）	15.14
商品果横径（cm）	0.72	果梗长度（cm）	4.52	果形	线形
果肉厚（cm）	0.11	老熟果色	红色	辣味	微辣

种质名称：CXX141					
子叶颜色	浅绿色	株型	半直立	株高（cm）	80.22
株幅（cm）	80.11	分枝类型	无限分枝	主茎色	绿带紫条纹
茎茸毛	稀	叶形	披针形	叶色	深绿色
叶缘	全缘	叶片长（cm）	16.02	叶片宽（cm）	6.51
叶柄长（cm）	9.02	叶面特征	微皱	首花节位	13
花冠色	白色	花药颜色	蓝色	花柱颜色	白色
花柱长度	短于雄蕊	花梗着生状态	下垂	青熟果色	黄绿色
果面棱沟	浅	果面光泽	有	商品果纵径（cm）	17.21
商品果横径（cm）	2.51	果梗长度（cm）	5.61	果形	线形
果肉厚（cm）	0.19	老熟果色	红色	辣味	辣

种质名称：CXX351					
子叶颜色	浅绿色	株型	半直立	株高（cm）	64.61
株幅（cm）	50.03	分枝类型	无限分枝	主茎色	绿带紫条纹
茎茸毛	无	叶形	披针形	叶色	深绿色
叶缘	全缘	叶片长（cm）	15.34	叶片宽（cm）	6.32
叶柄长（cm）	7.04	叶面特征	微皱	首花节位	8
花冠色	白色	花药颜色	蓝色	花柱颜色	白色
花柱长度	长于雄蕊	花梗着生状态	下垂	青熟果色	深绿色
果面棱沟	无	果面光泽	有	商品果纵径（cm）	16.74
商品果横径（cm）	1.62	果梗长度（cm）	5.21	果形	线形
果肉厚（cm）	0.14	老熟果色	红色	辣味	极轻微辣

种质名称：CXX419					
子叶颜色	浅绿色	株型	半直立	株高（cm）	50.32
株幅（cm）	70.23	分枝类型	无限分枝	主茎色	绿色
茎茸毛	稀	叶形	长卵圆形	叶色	深绿色
叶缘	全缘	叶片长（cm）	13.03	叶片宽（cm）	6.04
叶柄长（cm）	6.51	叶面特征	微皱	首花节位	8
花冠色	白色	花药颜色	蓝色	花柱颜色	白色
花柱长度	长于雄蕊	花梗着生状态	下垂	青熟果色	深绿色
果面棱沟	无	果面光泽	有	商品果纵径（cm）	22.91
商品果横径（cm）	2.72	果梗长度（cm）	4.81	果形	线形
果肉厚（cm）	0.26	老熟果色	红色	辣味	无辣味

种质名称：CXX458					
子叶颜色	浅绿色	株型	半直立	株高（cm）	60.23
株幅（cm）	68.21	分枝类型	无限分枝	主茎色	深绿色
茎茸毛	无	叶形	披针形	叶色	深绿色
叶缘	全缘	叶片长（cm）	11.53	叶片宽（cm）	5.41
叶柄长（cm）	4.52	叶面特征	微皱	首花节位	8
花冠色	白色	花药颜色	紫色	花柱颜色	白色
花柱长度	长于雄蕊	花梗着生状态	下垂	青熟果色	深绿色
果面棱沟	无	果面光泽	有	商品果纵径（cm）	19.72
商品果横径（cm）	2.11	果梗长度（cm）	5.62	果形	线形
果肉厚（cm）	0.24	老熟果色	红色	辣味	微辣

种质名称：CXX461					
子叶颜色	浅绿色	株型	半直立	株高（cm）	68.22
株幅（cm）	56.52	分枝类型	无限分枝	主茎色	绿带紫条纹
茎茸毛	稀	叶形	披针形	叶色	深绿色
叶缘	全缘	叶片长（cm）	11.54	叶片宽（cm）	5.15
叶柄长（cm）	7.52	叶面特征	微皱	首花节位	9
花冠色	白色	花药颜色	紫色	花柱颜色	紫色
花柱长度	长于雄蕊	花梗着生状态	下垂	青熟果色	深绿色
果面棱沟	无	果面光泽	有	商品果纵径（cm）	10.72
商品果横径（cm）	3.31	果梗长度（cm）	4.11	果形	线形
果肉厚（cm）	0.25	老熟果色	红色	辣味	微辣

种质名称：CXX487					
子叶颜色	浅绿色	株型	开展	株高（cm）	36.52
株幅（cm）	50.42	分枝类型	无限分枝	主茎色	深绿色
茎茸毛	无	叶形	披针形	叶色	深绿色
叶缘	全缘	叶片长（cm）	8.32	叶片宽（cm）	3.41
叶柄长（cm）	4.33	叶面特征	微皱	首花节位	9
花冠色	白色	花药颜色	蓝色	花柱颜色	白色
花柱长度	短于雄蕊	花梗着生状态	下垂	青熟果色	绿色
果面棱沟	无	果面光泽	有	商品果纵径（cm）	23.12
商品果横径（cm）	2.11	果梗长度（cm）	4.33	果形	线形
果肉厚（cm）	0.21	老熟果色	红色	辣味	极轻微辣

种质名称：CXX520					
子叶颜色	浅绿色	株型	半直立	株高（cm）	46.31
株幅（cm）	39.13	分枝类型	无限分枝	主茎色	绿色
茎茸毛	无	叶形	披针形	叶色	深绿色
叶缘	全缘	叶片长（cm）	7.21	叶片宽（cm）	3.41
叶柄长（cm）	3.32	叶面特征	平滑	首花节位	6
花冠色	白色	花药颜色	蓝色	花柱颜色	白色
花柱长度	长于雄蕊	花梗着生状态	下垂	青熟果色	绿色
果面棱沟	无	果面光泽	有	商品果纵径（cm）	9.32
商品果横径（cm）	1.21	果梗长度（cm）	2.71	果形	线形
果肉厚（cm）	0.12	老熟果色	红色	辣味	微辣

种质名称：CXX546					
子叶颜色	浅绿色	株型	半直立	株高（cm）	38.22
株幅（cm）	52.12	分枝类型	无限分枝	主茎色	绿色
茎茸毛	无	叶形	披针形	叶色	绿色
叶缘	波纹状	叶片长（cm）	10.12	叶片宽（cm）	4.41
叶柄长（cm）	6.12	叶面特征	微皱	首花节位	8
花冠色	白色	花药颜色	浅蓝色	花柱颜色	白色
花柱长度	短于雄蕊	花梗着生状态	下垂	青熟果色	绿色
果面棱沟	无	果面光泽	有	商品果纵径（cm）	21.90
商品果横径（cm）	3.02	果梗长度（cm）	4.81	果形	线形
果肉厚（cm）	0.25	老熟果色	红色	辣味	辣

种质名称：CXX569					
子叶颜色	浅绿色	株型	半直立	株高（cm）	58.51
株幅（cm）	72.31	分枝类型	无限分枝	主茎色	绿带紫条纹
茎茸毛	无	叶形	披针形	叶色	绿色
叶缘	波纹状	叶片长（cm）	12.31	叶片宽（cm）	4.34
叶柄长（cm）	7.75	叶面特征	微皱	首花节位	7
花冠色	白色	花药颜色	紫色	花柱颜色	白色
花柱长度	短于雄蕊	花梗着生状态	下垂	青熟果色	绿色
果面棱沟	浅	果面光泽	有	商品果纵径（cm）	28.12
商品果横径（cm）	2.21	果梗长度（cm）	6.72	果形	线形
果肉厚（cm）	0.24	老熟果色	红色	辣味	无辣味

种质名称：CXX578					
子叶颜色	浅绿色	株型	开展	株高（cm）	45.51
株幅（cm）	50.23	分枝类型	无限分枝	主茎色	绿色
茎茸毛	无	叶形	披针形	叶色	绿色
叶缘	全缘	叶片长（cm）	8.25	叶片宽（cm）	3.82
叶柄长（cm）	7.13	叶面特征	微皱	首花节位	6
花冠色	白色	花药颜色	紫色	花柱颜色	白色
花柱长度	长于雄蕊	花梗着生状态	下垂	青熟果色	浅绿色
果面棱沟	浅	果面光泽	有	商品果纵径（cm）	30.13
商品果横径（cm）	2.23	果梗长度（cm）	7.61	果形	线形
果肉厚（cm）	0.21	老熟果色	红色	辣味	无辣味

种质名称：CXX579					
子叶颜色	浅绿色	株型	直立	株高（cm）	68.51
株幅（cm）	59.21	分枝类型	无限分枝	主茎色	绿带紫条纹
茎茸毛	无	叶形	披针形	叶色	深绿色
叶缘	全缘	叶片长（cm）	51.22	叶片宽（cm）	4.61
叶柄长（cm）	5.52	叶面特征	平滑	首花节位	8
花冠色	白色	花药颜色	紫色	花柱颜色	白色
花柱长度	短于雄蕊	花梗着生状态	下垂	青熟果色	深绿色
果面棱沟	无	果面光泽	有	商品果纵径（cm）	18.63
商品果横径（cm）	1.71	果梗长度（cm）	5.62	果形	线形
果肉厚（cm）	0.12	老熟果色	红色	辣味	无辣味

种质名称：CXX581					
子叶颜色	浅绿色	株型	半直立	株高（cm）	54.13
株幅（cm）	55.13	分枝类型	无限分枝	主茎色	绿带紫条纹
茎茸毛	无	叶形	披针形	叶色	绿色
叶缘	全缘	叶片长（cm）	8.21	叶片宽（cm）	3.51
叶柄长（cm）	3.51	叶面特征	微皱	首花节位	7
花冠色	白色	花药颜色	紫色	花柱颜色	白色
花柱长度	短于雄蕊	花梗着生状态	下垂	青熟果色	绿色
果面棱沟	无	果面光泽	有	商品果纵径（cm）	18.91
商品果横径（cm）	1.22	果梗长度（cm）	5.72	果形	线形
果肉厚（cm）	0.13	老熟果色	红色	辣味	辣

种质名称：CXX638					
子叶颜色	浅绿色	株型	半直立	株高（cm）	70.75
株幅（cm）	60.22	分枝类型	无限分枝	主茎色	绿带紫条纹
茎茸毛	稀	叶形	披针形	叶色	深绿色
叶缘	全缘	叶片长（cm）	14.25	叶片宽（cm）	6.52
叶柄长（cm）	5.75	叶面特征	微皱	首花节位	9
花冠色	白色	花药颜色	蓝色	花柱颜色	蓝色
花柱长度	与雄蕊近等长	花梗着生状态	下垂	青熟果色	深绿色
果面棱沟	无	果面光泽	有	商品果纵径（cm）	16.21
商品果横径（cm）	1.21	果梗长度（cm）	5.42	果形	线形
果肉厚（cm）	0.13	老熟果色	红色	辣味	极轻微辣

种质名称：CXX642					
子叶颜色	浅绿色	株型	直立	株高（cm）	76.14
株幅（cm）	52.21	分枝类型	无限分枝	主茎色	深绿色
茎茸毛	无	叶形	披针形	叶色	绿色
叶缘	波纹状	叶片长（cm）	15.13	叶片宽（cm）	7.82
叶柄长（cm）	7.52	叶面特征	微皱	首花节位	6
花冠色	白色	花药颜色	蓝色	花柱颜色	白色
花柱长度	短于雄蕊	花梗着生状态	下垂	青熟果色	黄绿色
果面棱沟	无	果面光泽	有	商品果纵径（cm）	21.52
商品果横径（cm）	1.41	果梗长度（cm）	4.22	果形	线形
果肉厚（cm）	0.12	老熟果色	红色	辣味	极轻微辣

种质名称：CXX013					
子叶颜色	浅绿色	株型	半直立	株高（cm）	72.50
株幅（cm）	70.00	分枝类型	无限分枝	主茎色	深绿色
茎茸毛	无	叶形	披针形	叶色	深绿色
叶缘	全缘	叶片长（cm）	11.00	叶片宽（cm）	5.00
叶柄长（cm）	6.50	叶面特征	微皱	首花节位	14
花冠色	白色	花药颜色	紫色	花柱颜色	白色
花柱长度	长于雄蕊	花梗着生状态	下垂	青熟果色	绿色
果面棱沟	无	果面光泽	有	商品果纵径（cm）	8.40
商品果横径（cm）	2.30	果梗长度（cm）	3.50	果形	羊角形
果肉厚（cm）	0.14	老熟果色	红色	辣味	微辣

种质名称：CXX047					
子叶颜色	浅绿色	株型	半直立	株高（cm）	55.50
株幅（cm）	57.00	分枝类型	无限分枝	主茎色	绿色
茎茸毛	无	叶形	披针形	叶色	深绿色
叶缘	全缘	叶片长（cm）	12.50	叶片宽（cm）	4.80
叶柄长（cm）	7.00	叶面特征	微皱	首花节位	9
花冠色	白色	花药颜色	蓝色	花柱颜色	白色
花柱长度	长于雄蕊	花梗着生状态	下垂	青熟果色	绿色
果面棱沟	无	果面光泽	有	商品果纵径（cm）	9.70
商品果横径（cm）	1.20	果梗长度（cm）	4.30	果形	羊角形
果肉厚（cm）	0.18	老熟果色	红色	辣味	极辣

种质名称：CXX052					
子叶颜色	浅绿色	株型	半直立	株高（cm）	62.50
株幅（cm）	67.50	分枝类型	无限分枝	主茎色	浅绿色
茎茸毛	无	叶形	披针形	叶色	深绿色
叶缘	全缘	叶片长（cm）	12.50	叶片宽（cm）	5.20
叶柄长（cm）	6.00	叶面特征	微皱	首花节位	11
花冠色	白色	花药颜色	紫色	花柱颜色	白色
花柱长度	与雄蕊近等长	花梗着生状态	下垂	青熟果色	绿色
果面棱沟	浅	果面光泽	有	商品果纵径（cm）	10.10
商品果横径（cm）	2.70	果梗长度（cm）	4.90	果形	羊角形
果肉厚（cm）	0.14	老熟果色	红色	辣味	极轻微辣

种质名称：CXX057					
子叶颜色	浅绿色	株型	半直立	株高（cm）	60.00
株幅（cm）	65.00	分枝类型	无限分枝	主茎色	绿色
茎茸毛	稀	叶形	披针形	叶色	深绿色
叶缘	全缘	叶片长（cm）	11.00	叶片宽（cm）	4.90
叶柄长（cm）	4.00	叶面特征	微皱	首花节位	6
花冠色	白色	花药颜色	蓝色	花柱颜色	紫色
花柱长度	长于雄蕊	花梗着生状态	下垂	青熟果色	绿色
果面棱沟	无	果面光泽	有	商品果纵径（cm）	10.30
商品果横径（cm）	2.20	果梗长度（cm）	2.80	果形	羊角形
果肉厚（cm）	0.24	老熟果色	红色	辣味	辣

种质名称：CXX099					
子叶颜色	浅绿色	株型	直立	株高（cm）	73.50
株幅（cm）	51.50	分枝类型	无限分枝	主茎色	绿带紫条纹
茎茸毛	中	叶形	披针形	叶色	深绿色
叶缘	全缘	叶片长（cm）	11.20	叶片宽（cm）	4.90
叶柄长（cm）	5.65	叶面特征	微皱	首花节位	14
花冠色	白色	花药颜色	紫色	花柱颜色	白色
花柱长度	与雄蕊近等长	花梗着生状态	下垂	青熟果色	绿色
果面棱沟	无	果面光泽	有	商品果纵径（cm）	5.50
商品果横径（cm）	1.70	果梗长度（cm）	3.20	果形	羊角形
果肉厚（cm）	0.03	老熟果色	红色	辣味	辣

种质名称：CXX100					
子叶颜色	浅绿色	株型	半直立	株高（cm）	59.50
株幅（cm）	68.00	分枝类型	无限分枝	主茎色	绿带紫条纹
茎茸毛	无	叶形	披针形	叶色	深绿色
叶缘	全缘	叶片长（cm）	11.35	叶片宽（cm）	5.15
叶柄长（cm）	5.90	叶面特征	微皱	首花节位	6
花冠色	白色	花药颜色	蓝色	花柱颜色	白色
花柱长度	短于雄蕊	花梗着生状态	下垂	青熟果色	绿色
果面棱沟	浅	果面光泽	有	商品果纵径（cm）	12.10
商品果横径（cm）	1.60	果梗长度（cm）	4.10	果形	羊角形
果肉厚（cm）	0.32	老熟果色	红色	辣味	微辣

种质名称：CXX105					
子叶颜色	浅绿色	株型	半直立	株高（cm）	57.00
株幅（cm）	53.33	分枝类型	无限分枝	主茎色	绿带紫条纹
茎茸毛	无	叶形	披针形	叶色	深绿色
叶缘	全缘	叶片长（cm）	12.00	叶片宽（cm）	5.33
叶柄长（cm）	8.00	叶面特征	微皱	首花节位	11
花冠色	白色	花药颜色	蓝色	花柱颜色	白色
花柱长度	长于雄蕊	花梗着生状态	下垂	青熟果色	浅绿色
果面棱沟	无	果面光泽	有	商品果纵径（cm）	10.70
商品果横径（cm）	2.60	果梗长度（cm）	4.60	果形	羊角形
果肉厚（cm）	0.25	老熟果色	红色	辣味	微辣

种质名称：CXX132					
子叶颜色	浅绿色	株型	半直立	株高（cm）	56.12
株幅（cm）	59.24	分枝类型	有限分枝	主茎色	绿色
茎茸毛	无	叶形	披针形	叶色	深绿色
叶缘	全缘	叶片长（cm）	12.32	叶片宽（cm）	6.23
叶柄长（cm）	7.13	叶面特征	微皱	首花节位	8
花冠色	白色	花药颜色	蓝色	花柱颜色	白色
花柱长度	短于雄蕊	花梗着生状态	下垂	青熟果色	黄绿色
果面棱沟	浅	果面光泽	有	商品果纵径（cm）	18.12
商品果横径（cm）	3.12	果梗长度（cm）	3.62	果形	长羊角形
果肉厚（cm）	0.25	老熟果色	红色	辣味	极轻微辣

种质名称：CXX142					
子叶颜色	浅绿色	株型	半直立	株高（cm）	70.21
株幅（cm）	66.23	分枝类型	无限分枝	主茎色	绿带紫条纹
茎茸毛	中	叶形	长卵圆形	叶色	深绿色
叶缘	全缘	叶片长（cm）	14.85	叶片宽（cm）	6.81
叶柄长（cm）	6.51	叶面特征	微皱	首花节位	12
花冠色	白色	花药颜色	蓝色	花柱颜色	白色
花柱长度	长于雄蕊	花梗着生状态	下垂	青熟果色	浅绿色
果面棱沟	无	果面光泽	有	商品果纵径（cm）	14.62
商品果横径（cm）	2.91	果梗长度（cm）	4.71	果形	长羊角形
果肉厚（cm）	0.31	老熟果色	黄色	辣味	无辣味

种质名称：CXX144					
子叶颜色	浅绿色	株型	半直立	株高（cm）	67.31
株幅（cm）	64.22	分枝类型	无限分枝	主茎色	绿色
茎茸毛	无	叶形	长卵圆形	叶色	深绿色
叶缘	全缘	叶片长（cm）	11.75	叶片宽（cm）	5.81
叶柄长（cm）	4.75	叶面特征	微皱	首花节位	8
花冠色	白色	花药颜色	蓝色	花柱颜色	紫色
花柱长度	短于雄蕊	花梗着生状态	下垂	青熟果色	黄绿色
果面棱沟	无	果面光泽	有	商品果纵径（cm）	4.42
商品果横径（cm）	2.21	果梗长度（cm）	2.62	果形	羊角形
果肉厚（cm）	0.15	老熟果色	橘色	辣味	辣

种质名称：CXX147					
子叶颜色	浅绿色	株型	半直立	株高（cm）	80.13
株幅（cm）	70.23	分枝类型	无限分枝	主茎色	绿带紫条纹
茎茸毛	无	叶形	长卵圆形	叶色	深绿色
叶缘	全缘	叶片长（cm）	15.21	叶片宽（cm）	66.52
叶柄长（cm）	7.12	叶面特征	微皱	首花节位	11
花冠色	白色	花药颜色	蓝色	花柱颜色	白色
花柱长度	短于雄蕊	花梗着生状态	下垂	青熟果色	浅绿色
果面棱沟	无	果面光泽	有	商品果纵径（cm）	17.64
商品果横径（cm）	2.21	果梗长度（cm）	3.92	果形	羊角形
果肉厚（cm）	0.18	老熟果色	橘色	辣味	无辣味

种质名称：CXX150					
子叶颜色	浅绿色	株型	半直立	株高（cm）	60.22
株幅（cm）	68.13	分枝类型	无限分枝	主茎色	绿带紫条纹
茎茸毛	无	叶形	长卵圆形	叶色	深绿色
叶缘	全缘	叶片长（cm）	12.52	叶片宽（cm）	5.51
叶柄长（cm）	5.52	叶面特征	微皱	首花节位	12
花冠色	白色	花药颜色	蓝色	花柱颜色	白色
花柱长度	长于雄蕊	花梗着生状态	下垂	青熟果色	绿色
果面棱沟	无	果面光泽	有	商品果纵径（cm）	7.32
商品果横径（cm）	1.71	果梗长度（cm）	3.21	果形	羊角形
果肉厚（cm）	0.09	老熟果色	黄色	辣味	极轻微辣

种质名称：CXX152					
子叶颜色	浅绿色	株型	半直立	株高（cm）	76.13
株幅（cm）	55.22	分枝类型	无限分枝	主茎色	绿带紫条纹
茎茸毛	无	叶形	长卵圆形	叶色	深绿色
叶缘	全缘	叶片长（cm）	16.51	叶片宽（cm）	7.54
叶柄长（cm）	9.51	叶面特征	微皱	首花节位	9
花冠色	白色	花药颜色	蓝色	花柱颜色	白色
花柱长度	短于雄蕊	花梗着生状态	下垂	青熟果色	绿色
果面棱沟	无	果面光泽	有	商品果纵径（cm）	14.22
商品果横径（cm）	2.62	果梗长度（cm）	5.22	果形	羊角形
果肉厚（cm）	0.09	老熟果色	橘色	辣味	极轻微辣

种质名称：CXX154					
子叶颜色	浅绿色	株型	半直立	株高（cm）	54.13
株幅（cm）	65.24	分枝类型	无限分枝	主茎色	绿带紫条纹
茎茸毛	无	叶形	长卵圆形	叶色	深绿色
叶缘	全缘	叶片长（cm）	13.75	叶片宽（cm）	6.21
叶柄长（cm）	6.13	叶面特征	微皱	首花节位	11
花冠色	白色	花药颜色	蓝色	花柱颜色	白色
花柱长度	长于雄蕊	花梗着生状态	下垂	青熟果色	深绿色
果面棱沟	无	果面光泽	有	商品果纵径（cm）	17.82
商品果横径（cm）	33.42	果梗长度（cm）	5.92	果形	羊角形
果肉厚（cm）	0.14	老熟果色	橘色	辣味	无辣味

种质名称：CXX159					
子叶颜色	浅绿色	株型	半直立	株高（cm）	78.33
株幅（cm）	69.22	分枝类型	无限分枝	主茎色	绿带紫条纹
茎茸毛	无	叶形	长卵圆形	叶色	深绿色
叶缘	全缘	叶片长（cm）	12.31	叶片宽（cm）	6.22
叶柄长（cm）	5.51	叶面特征	微皱	首花节位	11
花冠色	白色	花药颜色	蓝色	花柱颜色	紫色
花柱长度	长于雄蕊	花梗着生状态	下垂	青熟果色	深绿色
果面棱沟	无	果面光泽	有	商品果纵径（cm）	13.63
商品果横径（cm）	2.12	果梗长度（cm）	4.11	果形	羊角形
果肉厚（cm）	0.13	老熟果色	橘色	辣味	辣

种质名称：CXX183					
子叶颜色	浅绿色	株型	半直立	株高（cm）	76.22
株幅（cm）	66.13	分枝类型	无限分枝	主茎色	绿带紫条纹
茎茸毛	稀	叶形	长卵圆形	叶色	深绿色
叶缘	全缘	叶片长（cm）	12.33	叶片宽（cm）	5.72
叶柄长（cm）	5.21	叶面特征	微皱	首花节位	9
花冠色	白色	花药颜色	紫色	花柱颜色	紫色
花柱长度	短于雄蕊	花梗着生状态	下垂	青熟果色	深绿色
果面棱沟	无	果面光泽	有	商品果纵径（cm）	13.61
商品果横径（cm）	2.92	果梗长度（cm）	5.91	果形	长羊角形
果肉厚（cm）	0.14	老熟果色	红色	辣味	极轻微辣

种质名称：CXX194					
子叶颜色	浅绿色	株型	半直立	株高（cm）	61.04
株幅（cm）	60.01	分枝类型	无限分枝	主茎色	绿带紫条纹
茎茸毛	无	叶形	披针形	叶色	深绿色
叶缘	全缘	叶片长（cm）	11.65	叶片宽（cm）	4.45
叶柄长（cm）	7.02	叶面特征	平滑	首花节位	9
花冠色	白色	花药颜色	蓝色	花柱颜色	白色
花柱长度	长于雄蕊	花梗着生状态	下垂	青熟果色	绿色
果面棱沟	无	果面光泽	有	商品果纵径（cm）	13.12
商品果横径（cm）	1.93	果梗长度（cm）	4.21	果形	长羊角形
果肉厚（cm）	0.24	老熟果色	红色	辣味	无辣味

种质名称：CXX200					
子叶颜色	浅绿色	株型	半直立	株高（cm）	67.41
株幅（cm）	58.71	分枝类型	无限分枝	主茎色	绿带紫条纹
茎茸毛	稀	叶形	披针形	叶色	深绿色
叶缘	全缘	叶片长（cm）	14.21	叶片宽（cm）	4.92
叶柄长（cm）	6.72	叶面特征	微皱	首花节位	14
花冠色	紫色	花药颜色	紫色	花柱颜色	紫色
花柱长度	长于雄蕊	花梗着生状态	下垂	青熟果色	紫色
果面棱沟	浅	果面光泽	有	商品果纵径（cm）	12.51
商品果横径（cm）	2.42	果梗长度（cm）	4.62	果形	长羊角形
果肉厚（cm）	0.24	老熟果色	红色	辣味	极轻微辣

种质名称：CXX202					
子叶颜色	浅绿色	株型	半直立	株高（cm）	64.51
株幅（cm）	39.71	分枝类型	无限分枝	主茎色	浅绿色
茎茸毛	无	叶形	披针形	叶色	深绿色
叶缘	全缘	叶片长（cm）	11.52	叶片宽（cm）	5.71
叶柄长（cm）	5.22	叶面特征	微皱	首花节位	8
花冠色	白色	花药颜色	蓝色	花柱颜色	白色
花柱长度	短于雄蕊	花梗着生状态	下垂	青熟果色	黄绿色
果面棱沟	无	果面光泽	有	商品果纵径（cm）	13.22
商品果横径（cm）	3.81	果梗长度（cm）	4.51	果形	羊角形
果肉厚（cm）	0.34	老熟果色	红色	辣味	无辣味

种质名称：CXX208					
子叶颜色	浅绿色	株型	开展	株高（cm）	53.05
株幅（cm）	65.02	分枝类型	无限分枝	主茎色	绿带紫条纹
茎茸毛	稀	叶形	披针形	叶色	深绿色
叶缘	全缘	叶片长（cm）	9.60	叶片宽（cm）	4.02
叶柄长（cm）	6.03	叶面特征	微皱	首花节位	8
花冠色	白色	花药颜色	蓝色	花柱颜色	白色
花柱长度	短于雄蕊	花梗着生状态	下垂	青熟果色	绿色
果面棱沟	无	果面光泽	有	商品果纵径（cm）	16.21
商品果横径（cm）	2.21	果梗长度（cm）	3.62	果形	长羊角形
果肉厚（cm）	0.25	老熟果色	红色	辣味	无辣味

种质名称：CXX212					
子叶颜色	浅绿色	株型	开展	株高（cm）	49.31
株幅（cm）	59.11	分枝类型	无限分枝	主茎色	绿带紫条纹
茎茸毛	稀	叶形	披针形	叶色	深绿色
叶缘	全缘	叶片长（cm）	8.72	叶片宽（cm）	4.71
叶柄长（cm）	4.51	叶面特征	微皱	首花节位	8
花冠色	白色	花药颜色	紫色	花柱颜色	紫色
花柱长度	长于雄蕊	花梗着生状态	下垂	青熟果色	深绿色
果面棱沟	浅	果面光泽	有	商品果纵径（cm）	18.82
商品果横径（cm）	3.22	果梗长度（cm）	4.81	果形	长羊角形
果肉厚（cm）	0.23	老熟果色	红色	辣味	无辣味

种质名称：CXX222					
子叶颜色	浅绿色	株型	半直立	株高（cm）	59.11
株幅（cm）	48.21	分枝类型	无限分枝	主茎色	绿色
茎茸毛	无	叶形	披针形	叶色	深绿色
叶缘	全缘	叶片长（cm）	9.02	叶片宽（cm）	4.51
叶柄长（cm）	5.02	叶面特征	微皱	首花节位	7
花冠色	白色	花药颜色	紫色	花柱颜色	紫色
花柱长度	长于雄蕊	花梗着生状态	下垂	青熟果色	深绿色
果面棱沟	无	果面光泽	有	商品果纵径（cm）	13.91
商品果横径（cm）	2.91	果梗长度（cm）	3.92	果形	羊角形
果肉厚（cm）	0.24	老熟果色	红色	辣味	无辣味

种质名称：CXX230					
子叶颜色	浅绿色	株型	半直立	株高（cm）	55.50
株幅（cm）	62.01	分枝类型	无限分枝	主茎色	绿带紫条纹
茎茸毛	无	叶形	披针形	叶色	深绿色
叶缘	波纹状	叶片长（cm）	7.70	叶片宽（cm）	5.10
叶柄长（cm）	4.61	叶面特征	微皱	首花节位	6
花冠色	白色	花药颜色	蓝色	花柱颜色	白色
花柱长度	短于雄蕊	花梗着生状态	下垂	青熟果色	黄绿色
果面棱沟	无	果面光泽	有	商品果纵径（cm）	16.31
商品果横径（cm）	2.42	果梗长度（cm）	4.42	果形	长羊角形
果肉厚（cm）	0.29	老熟果色	红色	辣味	无辣味

种质名称：CXX235					
子叶颜色	浅绿色	株型	半直立	株高（cm）	36.32
株幅（cm）	32.12	分枝类型	无限分枝	主茎色	深绿色
茎茸毛	无	叶形	披针形	叶色	深绿色
叶缘	波纹状	叶片长（cm）	8.52	叶片宽（cm）	4.01
叶柄长（cm）	4.01	叶面特征	微皱	首花节位	5
花冠色	白色	花药颜色	紫色	花柱颜色	白色
花柱长度	短于雄蕊	花梗着生状态	下垂	青熟果色	深绿色
果面棱沟	无	果面光泽	有	商品果纵径（cm）	10.92
商品果横径（cm）	4.11	果梗长度（cm）	4.11	果形	羊角形
果肉厚（cm）	0.22	老熟果色	红色	辣味	无辣味

种质名称：CXX238					
子叶颜色	浅绿色	株型	半直立	株高（cm）	53.50
株幅（cm）	42.50	分枝类型	无限分枝	主茎色	绿色
茎茸毛	无	叶形	披针形	叶色	深绿色
叶缘	波纹状	叶片长（cm）	12.02	叶片宽（cm）	6.01
叶柄长（cm）	7.25	叶面特征	微皱	首花节位	4
花冠色	白色	花药颜色	紫色	花柱颜色	白色
花柱长度	长于雄蕊	花梗着生状态	下垂	青熟果色	深绿色
果面棱沟	浅	果面光泽	有	商品果纵径（cm）	13.92
商品果横径（cm）	4.41	果梗长度（cm）	6.61	果形	羊角形
果肉厚（cm）	0.27	老熟果色	红色	辣味	无辣味

种质名称：CXX241					
子叶颜色	浅绿色	株型	半直立	株高（cm）	54.32
株幅（cm）	35.12	分枝类型	无限分枝	主茎色	绿色
茎茸毛	无	叶形	披针形	叶色	深绿色
叶缘	波纹状	叶片长（cm）	13.01	叶片宽（cm）	6.51
叶柄长（cm）	8.51	叶面特征	微皱	首花节位	6
花冠色	白色	花药颜色	紫色	花柱颜色	白色
花柱长度	短于雄蕊	花梗着生状态	下垂	青熟果色	深绿色
果面棱沟	浅	果面光泽	有	商品果纵径（cm）	14.71
商品果横径（cm）	3.62	果梗长度（cm）	5.42	果形	长羊角形
果肉厚（cm）	0.25	老熟果色	红色	辣味	极轻微辣

种质名称：CXX242					
子叶颜色	浅绿色	株型	半直立	株高（cm）	42.50
株幅（cm）	46.12	分枝类型	无限分枝	主茎色	绿带紫条纹
茎茸毛	无	叶形	披针形	叶色	深绿色
叶缘	波纹状	叶片长（cm）	10.04	叶片宽（cm）	4.02
叶柄长（cm）	5.50	叶面特征	微皱	首花节位	6
花冠色	白色	花药颜色	紫色	花柱颜色	白色
花柱长度	短于雄蕊	花梗着生状态	下垂	青熟果色	深绿色
果面棱沟	无	果面光泽	有	商品果纵径（cm）	10.52
商品果横径（cm）	3.32	果梗长度（cm）	3.62	果形	长羊角形
果肉厚（cm）	0.18	老熟果色	红色	辣味	极轻微辣

种质名称：CXX244					
子叶颜色	浅绿色	株型	半直立	株高（cm）	55.12
株幅（cm）	48.24	分枝类型	无限分枝	主茎色	深绿色
茎茸毛	无	叶形	披针形	叶色	深绿色
叶缘	波纹状	叶片长（cm）	10.02	叶片宽（cm）	5.02
叶柄长（cm）	7.52	叶面特征	微皱	首花节位	5
花冠色	白色	花药颜色	紫色	花柱颜色	白色
花柱长度	与雄蕊近等长	花梗着生状态	下垂	青熟果色	深绿色
果面棱沟	浅	果面光泽	有	商品果纵径（cm）	13.41
商品果横径（cm）	3.92	果梗长度（cm）	5.21	果形	羊角形
果肉厚（cm）	0.31	老熟果色	红色	辣味	无辣味

种质名称：CXX248					
子叶颜色	浅绿色	株型	半直立	株高（cm）	50.21
株幅（cm）	50.12	分枝类型	无限分枝	主茎色	绿色
茎茸毛	无	叶形	披针形	叶色	深绿色
叶缘	波纹状	叶片长（cm）	12.02	叶片宽（cm）	5.02
叶柄长（cm）	7.02	叶面特征	微皱	首花节位	6
花冠色	白色	花药颜色	紫色	花柱颜色	白色
花柱长度	短于雄蕊	花梗着生状态	下垂	青熟果色	绿色
果面棱沟	无	果面光泽	有	商品果纵径（cm）	13.41
商品果横径（cm）	3.41	果梗长度（cm）	4.13	果形	羊角形
果肉厚（cm）	0.28	老熟果色	红色	辣味	无辣味

种质名称：CXX256					
子叶颜色	浅绿色	株型	开展	株高（cm）	40.14
株幅（cm）	60.22	分枝类型	无限分枝	主茎色	绿色
茎茸毛	稀	叶形	披针形	叶色	深绿色
叶缘	全缘	叶片长（cm）	11.03	叶片宽（cm）	4.52
叶柄长（cm）	6.02	叶面特征	微皱	首花节位	8
花冠色	白色	花药颜色	紫色	花柱颜色	紫色
花柱长度	长于雄蕊	花梗着生状态	下垂	青熟果色	绿色
果面棱沟	浅	果面光泽	有	商品果纵径（cm）	20.31
商品果横径（cm）	2.41	果梗长度（cm）	4.61	果形	长羊角形
果肉厚（cm）	0.27	老熟果色	红色	辣味	无辣味

种质名称：CXX259					
子叶颜色	浅绿色	株型	开展	株高（cm）	36.22
株幅（cm）	55.31	分枝类型	无限分枝	主茎色	深绿色
茎茸毛	稀	叶形	披针形	叶色	深绿色
叶缘	全缘	叶片长（cm）	9.01	叶片宽（cm）	4.03
叶柄长（cm）	3.52	叶面特征	微皱	首花节位	6
花冠色	白色	花药颜色	紫色	花柱颜色	紫色
花柱长度	长于雄蕊	花梗着生状态	下垂	青熟果色	绿色
果面棱沟	浅	果面光泽	有	商品果纵径（cm）	18.22
商品果横径（cm）	2.71	果梗长度（cm）	4.13	果形	长羊角形
果肉厚（cm）	0.27	老熟果色	红色	辣味	辣

种质名称：CXX261					
子叶颜色	浅绿色	株型	开展	株高（cm）	60.22
株幅（cm）	60.31	分枝类型	无限分枝	主茎色	绿带紫条纹
茎茸毛	无	叶形	披针形	叶色	深绿色
叶缘	波纹状	叶片长（cm）	12.52	叶片宽（cm）	5.62
叶柄长（cm）	6.51	叶面特征	微皱	首花节位	6
花冠色	白色	花药颜色	紫色	花柱颜色	紫色
花柱长度	短于雄蕊	花梗着生状态	下垂	青熟果色	黄绿色
果面棱沟	无	果面光泽	有	商品果纵径（cm）	18.31
商品果横径（cm）	3.12	果梗长度（cm）	6.41	果形	长羊角形
果肉厚（cm）	0.29	老熟果色	红色	辣味	无辣味

种质名称：CXX264					
子叶颜色	浅绿色	株型	半直立	株高（cm）	53.24
株幅（cm）	53.21	分枝类型	无限分枝	主茎色	绿带紫条纹
茎茸毛	无	叶形	披针形	叶色	深绿色
叶缘	全缘	叶片长（cm）	12.25	叶片宽（cm）	5.83
叶柄长（cm）	10.24	叶面特征	微皱	首花节位	6
花冠色	白色	花药颜色	紫色	花柱颜色	白色
花柱长度	短于雄蕊	花梗着生状态	下垂	青熟果色	绿色
果面棱沟	无	果面光泽	有	商品果纵径（cm）	19.41
商品果横径（cm）	3.20	果梗长度（cm）	4.52	果形	长羊角形
果肉厚（cm）	0.26	老熟果色	黄色	辣味	无辣味

种质名称：CXX288					
子叶颜色	浅绿色	株型	半直立	株高（cm）	55.82
株幅（cm）	55.53	分枝类型	无限分枝	主茎色	深绿色
茎茸毛	无	叶形	披针形	叶色	深绿色
叶缘	全缘	叶片长（cm）	12.52	叶片宽（cm）	5.51
叶柄长（cm）	4.51	叶面特征	微皱	首花节位	7
花冠色	白色	花药颜色	紫色	花柱颜色	白色
花柱长度	短于雄蕊	花梗着生状态	下垂	青熟果色	绿色
果面棱沟	浅	果面光泽	有	商品果纵径（cm）	21.63
商品果横径（cm）	3.73	果梗长度（cm）	5.53	果形	长羊角形
果肉厚（cm）	0.25	老熟果色	红色	辣味	极轻微辣

种质名称：CXX323					
子叶颜色	浅绿色	株型	半直立	株高（cm）	47.52
株幅（cm）	47.51	分枝类型	无限分枝	主茎色	绿色
茎茸毛	稀	叶形	披针形	叶色	深绿色
叶缘	全缘	叶片长（cm）	12.05	叶片宽（cm）	5.75
叶柄长（cm）	6.52	叶面特征	微皱	首花节位	8
花冠色	白色	花药颜色	紫色	花柱颜色	白色
花柱长度	与雄蕊近等长	花梗着生状态	下垂	青熟果色	黄绿色
果面棱沟	浅	果面光泽	有	商品果纵径（cm）	20.21
商品果横径（cm）	4.73	果梗长度（cm）	7.06	果形	长羊角形
果肉厚（cm）	0.41	老熟果色	红色	辣味	无辣味

种质名称：CXX324					
子叶颜色	浅绿色	株型	半直立	株高（cm）	54.61
株幅（cm）	46.36	分枝类型	无限分枝	主茎色	深绿色
茎茸毛	稀	叶形	披针形	叶色	深绿色
叶缘	全缘	叶片长（cm）	13.01	叶片宽（cm）	6.52
叶柄长（cm）	8.02	叶面特征	微皱	首花节位	7
花冠色	白色	花药颜色	蓝色	花柱颜色	白色
花柱长度	与雄蕊近等长	花梗着生状态	下垂	青熟果色	黄绿色
果面棱沟	无	果面光泽	有	商品果纵径（cm）	22.23
商品果横径（cm）	2.63	果梗长度（cm）	5.54	果形	长羊角形
果肉厚（cm）	0.24	老熟果色	红色	辣味	极轻微辣

种质名称：CXX327					
子叶颜色	浅绿色	株型	半直立	株高（cm）	76.62
株幅（cm）	64.41	分枝类型	无限分枝	主茎色	绿带紫条纹
茎茸毛	稀	叶形	披针形	叶色	深绿色
叶缘	全缘	叶片长（cm）	16.31	叶片宽（cm）	7.81
叶柄长（cm）	9.01	叶面特征	微皱	首花节位	8
花冠色	白色	花药颜色	蓝色	花柱颜色	白色
花柱长度	与雄蕊近等长	花梗着生状态	下垂	青熟果色	深绿色
果面棱沟	无	果面光泽	有	商品果纵径（cm）	22.16
商品果横径（cm）	4.12	果梗长度（cm）	4.32	果形	长羊角形
果肉厚（cm）	0.32	老熟果色	黄色	辣味	无辣味

种质名称：CXX333					
子叶颜色	浅绿色	株型	半直立	株高（cm）	58.43
株幅（cm）	64.33	分枝类型	无限分枝	主茎色	绿带紫条纹
茎茸毛	稀	叶形	披针形	叶色	深绿色
叶缘	全缘	叶片长（cm）	12.02	叶片宽（cm）	7.51
叶柄长（cm）	10.52	叶面特征	微皱	首花节位	8
花冠色	白色	花药颜色	蓝色	花柱颜色	白色
花柱长度	与雄蕊近等长	花梗着生状态	下垂	青熟果色	黄绿色
果面棱沟	无	果面光泽	有	商品果纵径（cm）	22.52
商品果横径（cm）	3.51	果梗长度（cm）	6.42	果形	长羊角形
果肉厚（cm）	0.21	老熟果色	红色	辣味	无辣味

种质名称：CXX335					
子叶颜色	浅绿色	株型	开展	株高（cm）	40.42
株幅（cm）	62.22	分枝类型	无限分枝	主茎色	绿带紫条纹
茎茸毛	无	叶形	披针形	叶色	深绿色
叶缘	全缘	叶片长（cm）	8.52	叶片宽（cm）	3.51
叶柄长（cm）	4.31	叶面特征	微皱	首花节位	9
花冠色	白色	花药颜色	紫色	花柱颜色	白色
花柱长度	与雄蕊近等长	花梗着生状态	下垂	青熟果色	黄绿色
果面棱沟	无	果面光泽	有	商品果纵径（cm）	13.45
商品果横径（cm）	2.52	果梗长度（cm）	4.91	果形	羊角形
果肉厚（cm）	0.25	老熟果色	红色	辣味	无辣味

种质名称：CXX344					
子叶颜色	浅绿色	株型	半直立	株高（cm）	52.32
株幅（cm）	44.23	分枝类型	无限分枝	主茎色	绿带紫条纹
茎茸毛	无	叶形	披针形	叶色	深绿色
叶缘	全缘	叶片长（cm）	11.53	叶片宽（cm）	6.71
叶柄长（cm）	7.51	叶面特征	微皱	首花节位	6
花冠色	白色	花药颜色	蓝色	花柱颜色	白色
花柱长度	短于雄蕊	花梗着生状态	下垂	青熟果色	深绿色
果面棱沟	无	果面光泽	有	商品果纵径（cm）	22.32
商品果横径（cm）	2.72	果梗长度（cm）	5.72	果形	长羊角形
果肉厚（cm）	0.48	老熟果色	红色	辣味	无辣味

种质名称：CXX349					
子叶颜色	浅绿色	株型	半直立	株高（cm）	50.52
株幅（cm）	49.32	分枝类型	无限分枝	主茎色	绿带紫条纹
茎茸毛	稀	叶形	披针形	叶色	深绿色
叶缘	全缘	叶片长（cm）	10.51	叶片宽（cm）	4.75
叶柄长（cm）	5.75	叶面特征	微皱	首花节位	8
花冠色	白色	花药颜色	蓝色	花柱颜色	白色
花柱长度	长于雄蕊	花梗着生状态	下垂	青熟果色	绿色
果面棱沟	无	果面光泽	有	商品果纵径（cm）	11.52
商品果横径（cm）	2.23	果梗长度（cm）	4.12	果形	羊角形
果肉厚（cm）	0.17	老熟果色	红色	辣味	无辣味

种质名称：CXX390					
子叶颜色	浅绿色	株型	直立	株高（cm）	66.42
株幅（cm）	44.23	分枝类型	无限分枝	主茎色	绿色
茎茸毛	中	叶形	卵圆形	叶色	深绿色
叶缘	全缘	叶片长（cm）	15.03	叶片宽（cm）	7.31
叶柄长（cm）	11.53	叶面特征	微皱	首花节位	13
花冠色	白色	花药颜色	紫色	花柱颜色	紫色
花柱长度	长于雄蕊	花梗着生状态	下垂	青熟果色	黄白色
果面棱沟	无	果面光泽	有	商品果纵径（cm）	17.92
商品果横径（cm）	2.91	果梗长度（cm）	6.52	果形	长羊角形
果肉厚（cm）	0.25	老熟果色	橘红色	辣味	无辣味

种质名称：CXX425					
子叶颜色	浅绿色	株型	半直立	株高（cm）	60.14
株幅（cm）	68.51	分枝类型	无限分枝	主茎色	深绿色
茎茸毛	稀	叶形	长卵圆形	叶色	深绿色
叶缘	全缘	叶片长（cm）	12.52	叶片宽（cm）	5.75
叶柄长（cm）	6.52	叶面特征	微皱	首花节位	9
花冠色	白色	花药颜色	蓝色	花柱颜色	白色
花柱长度	短于雄蕊	花梗着生状态	下垂	青熟果色	浅绿色
果面棱沟	无	果面光泽	有	商品果纵径（cm）	12.73
商品果横径（cm）	1.41	果梗长度（cm）	5.51	果形	长羊角形
果肉厚（cm）	0.19	老熟果色	红色	辣味	极轻微辣

种质名称：CXX429					
子叶颜色	浅绿色	株型	半直立	株高（cm）	76.34
株幅（cm）	55.12	分枝类型	无限分枝	主茎色	深绿色
茎茸毛	无	叶形	长卵圆形	叶色	深绿色
叶缘	全缘	叶片长（cm）	15.03	叶片宽（cm）	6.02
叶柄长（cm）	10.52	叶面特征	微皱	首花节位	8
花冠色	白色	花药颜色	紫色	花柱颜色	白色
花柱长度	短于雄蕊	花梗着生状态	下垂	青熟果色	黄绿色
果面棱沟	浅	果面光泽	有	商品果纵径（cm）	20.91
商品果横径（cm）	2.21	果梗长度（cm）	5.61	果形	长羊角形
果肉厚（cm）	0.22	老熟果色	红色	辣味	微辣

种质名称：CXX430					
子叶颜色	浅绿色	株型	直立	株高（cm）	78.41
株幅（cm）	58.21	分枝类型	无限分枝	主茎色	绿带紫条纹
茎茸毛	稀	叶形	披针形	叶色	深绿色
叶缘	全缘	叶片长（cm）	12.01	叶片宽（cm）	5.11
叶柄长（cm）	5.52	叶面特征	微皱	首花节位	10
花冠色	白色	花药颜色	紫色	花柱颜色	白色
花柱长度	长于雄蕊	花梗着生状态	下垂	青熟果色	绿色
果面棱沟	无	果面光泽	有	商品果纵径（cm）	17.02
商品果横径（cm）	2.21	果梗长度（cm）	5.62	果形	长羊角形
果肉厚（cm）	0.22	老熟果色	红色	辣味	无辣味

种质名称：CXX453					
子叶颜色	浅绿色	株型	半直立	株高（cm）	60.14
株幅（cm）	56.51	分枝类型	无限分枝	主茎色	绿带紫条纹
茎茸毛	中	叶形	长卵圆形	叶色	深绿色
叶缘	全缘	叶片长（cm）	11.25	叶片宽（cm）	4.71
叶柄长（cm）	6.25	叶面特征	微皱	首花节位	9
花冠色	白色	花药颜色	紫色	花柱颜色	白色
花柱长度	长于雄蕊	花梗着生状态	下垂	青熟果色	深绿色
果面棱沟	无	果面光泽	有	商品果纵径（cm）	16.72
商品果横径（cm）	2.51	果梗长度（cm）	6.22	果形	长羊角形
果肉厚（cm）	0.22	老熟果色	红色	辣味	极轻微辣

种质名称：CXX456					
子叶颜色	浅绿色	株型	半直立	株高（cm）	58.23
株幅（cm）	56.14	分枝类型	无限分枝	主茎色	深绿色
茎茸毛	无	叶形	披针形	叶色	深绿色
叶缘	全缘	叶片长（cm）	10.01	叶片宽（cm）	4.41
叶柄长（cm）	4.51	叶面特征	微皱	首花节位	8
花冠色	白色	花药颜色	紫色	花柱颜色	白色
花柱长度	长于雄蕊	花梗着生状态	下垂	青熟果色	绿色
果面棱沟	浅	果面光泽	有	商品果纵径（cm）	21.32
商品果横径（cm）	2.32	果梗长度（cm）	7.03	果形	长羊角形
果肉厚（cm）	0.19	老熟果色	红色	辣味	无辣味

种质名称：CXX462					
子叶颜色	浅绿色	株型	半直立	株高（cm）	58.23
株幅（cm）	66.21	分枝类型	无限分枝	主茎色	绿带紫条纹
茎茸毛	无	叶形	披针形	叶色	深绿色
叶缘	全缘	叶片长（cm）	14.03	叶片宽（cm）	5.72
叶柄长（cm）	11.02	叶面特征	微皱	首花节位	8
花冠色	短	花药颜色	蓝色	花柱颜色	白色
花柱长度	长于雄蕊	花梗着生状态	下垂	青熟果色	绿色
果面棱沟	无	果面光泽	有	商品果纵径（cm）	20.61
商品果横径（cm）	2.21	果梗长度（cm）	4.61	果形	长羊角形
果肉厚（cm）	0.19	老熟果色	红色	辣味	微辣

种质名称：CXX467					
子叶颜色	浅绿色	株型	半直立	株高（cm）	51.11
株幅（cm）	60.02	分枝类型	无限分枝	主茎色	绿带紫条纹
茎茸毛	稀	叶形	披针形	叶色	深绿色
叶缘	全缘	叶片长（cm）	12.23	叶片宽（cm）	5.52
叶柄长（cm）	5.52	叶面特征	微皱	首花节位	6
花冠色	白色	花药颜色	蓝色	花柱颜色	白色
花柱长度	短于雄蕊	花梗着生状态	下垂	青熟果色	深绿色
果面棱沟	无	果面光泽	有	商品果纵径（cm）	14.51
商品果横径（cm）	2.31	果梗长度（cm）	5.94	果形	长羊角形
果肉厚（cm）	0.19	老熟果色	红色	辣味	无辣味

种质名称：CXX476					
子叶颜色	浅绿色	株型	半直立	株高（cm）	55.42
株幅（cm）	39.42	分枝类型	无限分枝	主茎色	绿带紫条纹
茎茸毛	稀	叶形	披针形	叶色	深绿色
叶缘	全缘	叶片长（cm）	8.22	叶片宽（cm）	4.62
叶柄长（cm）	3.51	叶面特征	微皱	首花节位	9
花冠色	白色	花药颜色	紫色	花柱颜色	紫色
花柱长度	短于雄蕊	花梗着生状态	下垂	青熟果色	绿色
果面棱沟	无	果面光泽	有	商品果纵径（cm）	15.96
商品果横径（cm）	1.43	果梗长度（cm）	4.13	果形	羊角形
果肉厚（cm）	0.15	老熟果色	黄色	辣味	微辣

种质名称：CXX510					
子叶颜色	浅绿色	株型	半直立	株高（cm）	42.23
株幅（cm）	52.23	分枝类型	无限分枝	主茎色	绿带紫条纹
茎茸毛	无	叶形	披针形	叶色	深绿色
叶缘	全缘	叶片长（cm）	9.32	叶片宽（cm）	4.31
叶柄长（cm）	3.51	叶面特征	微皱	首花节位	8
花冠色	白色	花药颜色	蓝色	花柱颜色	白色
花柱长度	长于雄蕊	花梗着生状态	下垂	青熟果色	绿色
果面棱沟	浅	果面光泽	有	商品果纵径（cm）	10.92
商品果横径（cm）	1.22	果梗长度（cm）	3.62	果形	长羊角形
果肉厚（cm）	0.13	老熟果色	红色	辣味	辣

种质名称：CXX559					
子叶颜色	浅绿色	株型	直立	株高（cm）	52.14
株幅（cm）	32.13	分枝类型	无限分枝	主茎色	绿带紫条纹
茎茸毛	无	叶形	披针形	叶色	深绿色
叶缘	全缘	叶片长（cm）	10.51	叶片宽（cm）	5.51
叶柄长（cm）	6.24	叶面特征	微皱	首花节位	6
花冠色	白色	花药颜色	紫色	花柱颜色	白色
花柱长度	长于雄蕊	花梗着生状态	下垂	青熟果色	绿色
果面棱沟	浅	果面光泽	有	商品果纵径（cm）	23.24
商品果横径（cm）	3.72	果梗长度（cm）	6.22	果形	长羊角形
果肉厚（cm）	0.35	老熟果色	红色	辣味	辣

种质名称：CXX568					
子叶颜色	浅绿色	株型	半直立	株高（cm）	63.51
株幅（cm）	72.52	分枝类型	无限分枝	主茎色	绿色
茎茸毛	无	叶形	长卵圆形	叶色	绿色
叶缘	波纹状	叶片长（cm）	12.41	叶片宽（cm）	4.50
叶柄长（cm）	10.24	叶面特征	微皱	首花节位	10
花冠色	白色	花药颜色	紫色	花柱颜色	白色
花柱长度	长于雄蕊	花梗着生状态	下垂	青熟果色	绿色
果面棱沟	浅	果面光泽	有	商品果纵径（cm）	20.13
商品果横径（cm）	2.42	果梗长度（cm）	5.12	果形	长羊角形
果肉厚（cm）	0.31	老熟果色	红色	辣味	无辣味

种质名称：CXX574					
子叶颜色	浅绿色	株型	半直立	株高（cm）	56.24
株幅（cm）	68.22	分枝类型	无限分枝	主茎色	绿色
茎茸毛	中	叶形	披针形	叶色	绿色
叶缘	全缘	叶片长（cm）	13.43	叶片宽（cm）	6.13
叶柄长（cm）	9.75	叶面特征	微皱	首花节位	5
花冠色	白色	花药颜色	紫色	花柱颜色	白色
花柱长度	短于雄蕊	花梗着生状态	下垂	青熟果色	浅绿色
果面棱沟	浅	果面光泽	有	商品果纵径（cm）	16.42
商品果横径（cm）	3.21	果梗长度（cm）	3.81	果形	长羊角形
果肉厚（cm）	0.39	老熟果色	红色	辣味	无辣味

种质名称：CXX660					
子叶颜色	浅绿色	株型	开展	株高（cm）	52.33
株幅（cm）	58.11	分枝类型	无限分枝	主茎色	深绿色
茎茸毛	中	叶形	披针形	叶色	绿色
叶缘	全缘	叶片长（cm）	23.62	叶片宽（cm）	6.41
叶柄长（cm）	9.52	叶面特征	微皱	首花节位	9
花冠色	白色	花药颜色	蓝色	花柱颜色	白色
花柱长度	与雄蕊近等长	花梗着生状态	下垂	青熟果色	绿色
果面棱沟	浅	果面光泽	有	商品果纵径（cm）	16.22
商品果横径（cm）	3.31	果梗长度（cm）	7.61	果形	长羊角形
果肉厚（cm）	0.27	老熟果色	红色	辣味	辣

种质名称：CXX009					
子叶颜色	浅绿色	株型	半直立	株高（cm）	62.50
株幅（cm）	48.50	分枝类型	无限分枝	主茎色	绿色
茎茸毛	密	叶形	披针形	叶色	深绿色
叶缘	全缘	叶片长（cm）	11.00	叶片宽（cm）	5.50
叶柄长（cm）	6.50	叶面特征	微皱	首花节位	11
花冠色	白色	花药颜色	紫色	花柱颜色	白色
花柱长度	长于雄蕊	花梗着生状态	下垂	青熟果色	绿色
果面棱沟	无	果面光泽	有	商品果纵径（cm）	5.40
商品果横径（cm）	1.40	果梗长度（cm）	3.10	果形	短指形
果肉厚（cm）	0.13	老熟果色	红色	辣味	辣

种质名称：CXX036					
子叶颜色	浅绿色	株型	半直立	株高（cm）	75.00
株幅（cm）	55.00	分枝类型	无限分枝	主茎色	绿色
茎茸毛	中	叶形	披针形	叶色	深绿色
叶缘	全缘	叶片长（cm）	14.00	叶片宽（cm）	6.50
叶柄长（cm）	7.00	叶面特征	微皱	首花节位	18
花冠色	白色	花药颜色	紫色	花柱颜色	紫色
花柱长度	短于雄蕊	花梗着生状态	下垂	青熟果色	绿色
果面棱沟	无	果面光泽	有	商品果纵径（cm）	9.40
商品果横径（cm）	2.20	果梗长度（cm）	5.10	果形	短指形
果肉厚（cm）	0.12	老熟果色	红色	辣味	辣

种质名称：CXX046					
子叶颜色	浅绿色	株型	半直立	株高（cm）	87.50
株幅（cm）	70.00	分枝类型	无限分枝	主茎色	绿带紫条纹
茎茸毛	无	叶形	披针形	叶色	深绿色
叶缘	全缘	叶片长（cm）	14.00	叶片宽（cm）	6.50
叶柄长（cm）	7.00	叶面特征	微皱	首花节位	11
花冠色	白色	花药颜色	紫色	花柱颜色	白色
花柱长度	长于雄蕊	花梗着生状态	下垂	青熟果色	深绿色
果面棱沟	无	果面光泽	有	商品果纵径（cm）	11.10
商品果横径（cm）	1.20	果梗长度（cm）	4.60	果形	指形
果肉厚（cm）	0.19	老熟果色	红色	辣味	辣

种质名称：CXX071					
子叶颜色	浅绿色	株型	半直立	株高（cm）	61.50
株幅（cm）	75.00	分枝类型	无限分枝	主茎色	浅绿色
茎茸毛	稀	叶形	披针形	叶色	深绿色
叶缘	全缘	叶片长（cm）	12.25	叶片宽（cm）	5.25
叶柄长（cm）	6.75	叶面特征	微皱	首花节位	9
花冠色	白色	花药颜色	紫色	花柱颜色	白色
花柱长度	长于雄蕊	花梗着生状态	下垂	青熟果色	绿色
果面棱沟	无	果面光泽	有	商品果纵径（cm）	9.70
商品果横径（cm）	2.20	果梗长度（cm）	3.60	果形	指形
果肉厚（cm）	0.25	老熟果色	红色	辣味	微辣

种质名称：CXX080					
子叶颜色	浅绿色	株型	直立	株高（cm）	53.00
株幅（cm）	57.00	分枝类型	无限分枝	主茎色	深绿色
茎茸毛	无	叶形	披针形	叶色	深绿色
叶缘	全缘	叶片长（cm）	11.25	叶片宽（cm）	5.10
叶柄长（cm）	5.50	叶面特征	微皱	首花节位	9
花冠色	白色	花药颜色	蓝色	花柱颜色	白色
花柱长度	与雄蕊近等长	花梗着生状态	下垂	青熟果色	绿色
果面棱沟	无	果面光泽	有	商品果纵径（cm）	9.00
商品果横径（cm）	2.10	果梗长度（cm）	3.30	果形	指形
果肉厚（cm）	0.19	老熟果色	红色	辣味	微辣

种质名称：CXX084					
子叶颜色	浅绿色	株型	半直立	株高（cm）	56.50
株幅（cm）	77.50	分枝类型	无限分枝	主茎色	浅绿色
茎茸毛	无	叶形	披针形	叶色	深绿色
叶缘	全缘	叶片长（cm）	11.50	叶片宽（cm）	5.05
叶柄长（cm）	8.50	叶面特征	微皱	首花节位	7
花冠色	白色	花药颜色	蓝色	花柱颜色	白色
花柱长度	长于雄蕊	花梗着生状态	下垂	青熟果色	绿色
果面棱沟	无	果面光泽	有	商品果纵径（cm）	14.10
商品果横径（cm）	1.20	果梗长度（cm）	4.20	果形	指形
果肉厚（cm）	0.28	老熟果色	红色	辣味	极轻微辣

种质名称：CXX089					
子叶颜色	浅绿色	株型	开展	株高（cm）	46.00
株幅（cm）	64.50	分枝类型	有限分枝	主茎色	深绿色
茎茸毛	无	叶形	披针形	叶色	深绿色
叶缘	全缘	叶片长（cm）	10.50	叶片宽（cm）	4.90
叶柄长（cm）	6.50	叶面特征	微皱	首花节位	7
花冠色	白色	花药颜色	蓝色	花柱颜色	白色
花柱长度	长于雄蕊	花梗着生状态	下垂	青熟果色	绿色
果面棱沟	无	果面光泽	有	商品果纵径（cm）	15.10
商品果横径（cm）	2.10	果梗长度（cm）	4.10	果形	长羊角形
果肉厚（cm）	0.34	老熟果色	红色	辣味	极轻微辣

种质名称：CXX093					
子叶颜色	浅绿色	株型	半直立	株高（cm）	49.67
株幅（cm）	42.67	分枝类型	有限分枝	主茎色	绿带紫条纹
茎茸毛	无	叶形	披针形	叶色	深绿色
叶缘	全缘	叶片长（cm）	9.50	叶片宽（cm）	3.93
叶柄长（cm）	4.67	叶面特征	微皱	首花节位	8
花冠色	白色	花药颜色	蓝色	花柱颜色	白色
花柱长度	与雄蕊近等长	花梗着生状态	直立	青熟果色	绿色
果面棱沟	无	果面光泽	有	商品果纵径（cm）	12.30
商品果横径（cm）	0.60	果梗长度（cm）	4.00	果形	指形
果肉厚（cm）	0.02	老熟果色	红色	辣味	辣

种质名称：CXX134					
子叶颜色	浅绿色	株型	开展	株高（cm）	63.22
株幅（cm）	56.14	分枝类型	无限分枝	主茎色	绿带紫条纹
茎茸毛	无	叶形	披针形	叶色	深绿色
叶缘	全缘	叶片长（cm）	11.54	叶片宽（cm）	5.25
叶柄长（cm）	5.25	叶面特征	微皱	首花节位	9
花冠色	白色	花药颜色	紫色	花柱颜色	白色
花柱长度	长于雄蕊	花梗着生状态	下垂	青熟果色	深绿色
果面棱沟	浅	果面光泽	有	商品果纵径（cm）	17.21
商品果横径（cm）	1.72	果梗长度（cm）	7.62	果形	指形
果肉厚（cm）	1.11	老熟果色	红色	辣味	无辣味

种质名称：CXX136					
子叶颜色	浅绿色	株型	半直立	株高（cm）	65.12
株幅（cm）	65.34	分枝类型	无限分枝	主茎色	绿色
茎茸毛	无	叶形	披针形	叶色	深绿色
叶缘	全缘	叶片长（cm）	11.83	叶片宽（cm）	5.21
叶柄长（cm）	5.02	叶面特征	微皱	首花节位	9
花冠色	白色	花药颜色	蓝色	花柱颜色	白色
花柱长度	短于雄蕊	花梗着生状态	下垂	青熟果色	深绿色
果面棱沟	浅	果面光泽	有	商品果纵径（cm）	16.12
商品果横径（cm）	1.41	果梗长度（cm）	8.21	果形	指形
果肉厚（cm）	0.18	老熟果色	红色	辣味	无辣味

种质名称：CXX146					
子叶颜色	浅绿色	株型	半直立	株高（cm）	62.31
株幅（cm）	60.11	分枝类型	无限分枝	主茎色	绿色
茎茸毛	无	叶形	披针形	叶色	深绿色
叶缘	全缘	叶片长（cm）	9.35	叶片宽（cm）	4.15
叶柄长（cm）	3.75	叶面特征	微皱	首花节位	9
花冠色	白色	花药颜色	紫色	花柱颜色	白色
花柱长度	长于雄蕊	花梗着生状态	下垂	青熟果色	浅绿色
果面棱沟	无	果面光泽	有	商品果纵径（cm）	15.52
商品果横径（cm）	1.72	果梗长度（cm）	4.22	果形	指形
果肉厚（cm）	0.14	老熟果色	红色	辣味	极轻微辣

种质名称：CXX185					
子叶颜色	浅绿色	株型	半直立	株高（cm）	51.12
株幅（cm）	64.22	分枝类型	无限分枝	主茎色	绿带紫条纹
茎茸毛	稀	叶形	披针形	叶色	深绿色
叶缘	全缘	叶片长（cm）	11.32	叶片宽（cm）	4.21
叶柄长（cm）	6.51	叶面特征	平滑	首花节位	8
花冠色	白色	花药颜色	蓝色	花柱颜色	白色
花柱长度	长于雄蕊	花梗着生状态	下垂	青熟果色	深绿色
果面棱沟	无	果面光泽	有	商品果纵径（cm）	9.32
商品果横径（cm）	1.93	果梗长度（cm）	4.41	果形	指形
果肉厚（cm）	0.15	老熟果色	红色	辣味	无辣味

种质名称：CXX195					
子叶颜色	浅绿色	株型	半直立	株高（cm）	72.21
株幅（cm）	68.33	分枝类型	无限分枝	主茎色	绿带紫条纹
茎茸毛	稀	叶形	披针形	叶色	深绿色
叶缘	全缘	叶片长（cm）	9.03	叶片宽（cm）	3.52
叶柄长（cm）	5.02	叶面特征	平滑	首花节位	7
花冠色	白色	花药颜色	蓝色	花柱颜色	白色
花柱长度	长于雄蕊	花梗着生状态	下垂	青熟果色	绿色
果面棱沟	无	果面光泽	有	商品果纵径（cm）	9.11
商品果横径（cm）	0.92	果梗长度（cm）	3.31	果形	指形
果肉厚（cm）	0.12	老熟果色	红色	辣味	辣

种质名称：CXX274					
子叶颜色	浅绿色	株型	半直立	株高（cm）	60.65
株幅（cm）	80.42	分枝类型	无限分枝	主茎色	绿带紫条纹
茎茸毛	无	叶形	披针形	叶色	深绿色
叶缘	全缘	叶片长（cm）	14.03	叶片宽（cm）	6.01
叶柄长（cm）	8.04	叶面特征	微皱	首花节位	7
花冠色	白色	花药颜色	紫色	花柱颜色	白色
花柱长度	短于雄蕊	花梗着生状态	下垂	青熟果色	绿色
果面棱沟	无	果面光泽	有	商品果纵径（cm）	20.43
商品果横径（cm）	2.81	果梗长度（cm）	4.82	果形	指形
果肉厚（cm）	0.24	老熟果色	红色	辣味	极轻微辣

种质名称：CXX350					
子叶颜色	浅绿色	株型	半直立	株高（cm）	66.32
株幅（cm）	64.42	分枝类型	无限分枝	主茎色	绿带紫条纹
茎茸毛	稀	叶形	披针形	叶色	深绿色
叶缘	全缘	叶片长（cm）	12.02	叶片宽（cm）	5.01
叶柄长（cm）	6.52	叶面特征	微皱	首花节位	6
花冠色	白色	花药颜色	蓝色	花柱颜色	白色
花柱长度	长于雄蕊	花梗着生状态	下垂	青熟果色	深绿色
果面棱沟	无	果面光泽	有	商品果纵径（cm）	12.72
商品果横径（cm）	2.51	果梗长度（cm）	5.11	果形	长羊角形
果肉厚（cm）	0.34	老熟果色	红色	辣味	无辣味

种质名称：CXX365					
子叶颜色	浅绿色	株型	半直立	株高（cm）	68.52
株幅（cm）	68.22	分枝类型	无限分枝	主茎色	绿带紫条纹
茎茸毛	稀	叶形	披针形	叶色	深绿色
叶缘	全缘	叶片长（cm）	11.52	叶片宽（cm）	4.53
叶柄长（cm）	4.52	叶面特征	微皱	首花节位	12
花冠色	白色	花药颜色	蓝色	花柱颜色	白色
花柱长度	长于雄蕊	花梗着生状态	下垂	青熟果色	深绿色
果面棱沟	无	果面光泽	有	商品果纵径（cm）	14.21
商品果横径（cm）	2.71	果梗长度（cm）	5.11	果形	指形
果肉厚（cm）	0.17	老熟果色	红色	辣味	无微辣

种质名称：CXX406					
子叶颜色	浅绿色	株型	半直立	株高（cm）	54.23
株幅（cm）	62.23	分枝类型	无限分枝	主茎色	绿带紫条纹
茎茸毛	无	叶形	披针形	叶色	深绿色
叶缘	全缘	叶片长（cm）	12.01	叶片宽（cm）	4.33
叶柄长（cm）	4.01	叶面特征	微皱	首花节位	7
花冠色	白色	花药颜色	蓝色	花柱颜色	白色
花柱长度	短于雄蕊	花梗着生状态	下垂	青熟果色	深绿色
果面棱沟	无	果面光泽	有	商品果纵径（cm）	9.93
商品果横径（cm）	1.22	果梗长度（cm）	4.62	果形	指形
果肉厚（cm）	0.24	老熟果色	红色	辣味	无辣味

种质名称：CXX428					
子叶颜色	浅绿色	株型	直立	株高（cm）	72.32
株幅（cm）	44.23	分枝类型	无限分枝	主茎色	绿带紫条纹
茎茸毛	中	叶形	长卵圆形	叶色	深绿色
叶缘	全缘	叶片长（cm）	15.02	叶片宽（cm）	6.81
叶柄长（cm）	7.51	叶面特征	微皱	首花节位	10
花冠色	白色	花药颜色	蓝色	花柱颜色	白色
花柱长度	短于雄蕊	花梗着生状态	下垂	青熟果色	黄白色
果面棱沟	浅	果面光泽	有	商品果纵径（cm）	18.82
商品果横径（cm）	2.22	果梗长度（cm）	5.11	果形	指形
果肉厚（cm）	0.25	老熟果色	红色	辣味	无辣味

种质名称：CXX431					
子叶颜色	浅绿色	株型	直立	株高（cm）	63.31
株幅（cm）	40.43	分枝类型	无限分枝	主茎色	深绿色
茎茸毛	稀	叶形	披针形	叶色	深绿色
叶缘	全缘	叶片长（cm）	11.02	叶片宽（cm）	4.51
叶柄长（cm）	4.02	叶面特征	微皱	首花节位	10
花冠色	白色	花药颜色	紫色	花柱颜色	白色
花柱长度	短于雄蕊	花梗着生状态	下垂	青熟果色	黄绿色
果面棱沟	无	果面光泽	有	商品果纵径（cm）	11.02
商品果横径（cm）	2.11	果梗长度（cm）	5.63	果形	指形
果肉厚（cm）	0.32	老熟果色	橘红色	辣味	极轻微辣

种质名称：CXX436					
子叶颜色	浅绿色	株型	半直立	株高（cm）	55.22
株幅（cm）	51.21	分枝类型	无限分枝	主茎色	绿带紫条纹
茎茸毛	稀	叶形	披针形	叶色	深绿色
叶缘	全缘	叶片长（cm）	10.03	叶片宽（cm）	4.01
叶柄长（cm）	5.02	叶面特征	微皱	首花节位	8
花冠色	白色	花药颜色	蓝色	花柱颜色	白色
花柱长度	短于雄蕊	花梗着生状态	下垂	青熟果色	深绿色
果面棱沟	无	果面光泽	有	商品果纵径（cm）	12.92
商品果横径（cm）	1.71	果梗长度（cm）	4.61	果形	指形
果肉厚（cm）	0.22	老熟果色	红色	辣味	无辣味

种质名称：CXX441					
子叶颜色	浅绿色	株型	直立	株高（cm）	78.12
株幅（cm）	62.13	分枝类型	无限分枝	主茎色	深绿色
茎茸毛	无	叶形	披针形	叶色	深绿色
叶缘	全缘	叶片长（cm）	8.65	叶片宽（cm）	3.65
叶柄长（cm）	3.75	叶面特征	微皱	首花节位	10
花冠色	白色	花药颜色	蓝色	花柱颜色	白色
花柱长度	长于雄蕊	花梗着生状态	直立	青熟果色	绿色
果面棱沟	无	果面光泽	有	商品果纵径（cm）	11.41
商品果横径（cm）	1.21	果梗长度（cm）	4.32	果形	指形
果肉厚（cm）	0.15	老熟果色	红色	辣味	辣

种质名称：CXX442					
子叶颜色	浅绿色	株型	半直立	株高（cm）	73.12
株幅（cm）	68.21	分枝类型	无限分枝	主茎色	绿带紫条纹
茎茸毛	无	叶形	披针形	叶色	深绿色
叶缘	全缘	叶片长（cm）	13.01	叶片宽（cm）	5.31
叶柄长（cm）	5.02	叶面特征	微皱	首花节位	11
花冠色	白色	花药颜色	紫色	花柱颜色	白色
花柱长度	长于雄蕊	花梗着生状态	下垂	青熟果色	浅绿色
果面棱沟	无	果面光泽	有	商品果纵径（cm）	12.91
商品果横径（cm）	1.41	果梗长度（cm）	4.92	果形	指形
果肉厚（cm）	0.19	老熟果色	红色	辣味	微辣

种质名称：CXX460					
子叶颜色	浅绿色	株型	半直立	株高（cm）	60.31
株幅（cm）	56.52	分枝类型	无限分枝	主茎色	绿带紫条纹
茎茸毛	中	叶形	长卵圆形	叶色	深绿色
叶缘	全缘	叶片长（cm）	11.25	叶片宽（cm）	4.71
叶柄长（cm）	6.25	叶面特征	微皱	首花节位	9
花冠色	白色	花药颜色	紫色	花柱颜色	白色
花柱长度	长于雄蕊	花梗着生状态	下垂	青熟果色	浅绿色
果面棱沟	无	果面光泽	有	商品果纵径（cm）	16.72
商品果横径（cm）	2.52	果梗长度（cm）	6.22	果形	长指形
果肉厚（cm）	0.22	老熟果色	红色	辣味	极轻微辣

种质名称：CXX466					
子叶颜色	浅绿色	株型	半直立	株高（cm）	58.22
株幅（cm）	64.23	分枝类型	无限分枝	主茎色	深绿色
茎茸毛	稀	叶形	披针形	叶色	深绿色
叶缘	全缘	叶片长（cm）	13.03	叶片宽（cm）	5.61
叶柄长（cm）	5.02	叶面特征	微皱	首花节位	6
花冠色	白色	花药颜色	紫色	花柱颜色	白色
花柱长度	短于雄蕊	花梗着生状态	下垂	青熟果色	绿色
果面棱沟	无	果面光泽	有	商品果纵径（cm）	13.91
商品果横径（cm）	2.21	果梗长度（cm）	5.32	果形	指形
果肉厚（cm）	0.17	老熟果色	红色	辣味	无辣味

种质名称：CXX480					
子叶颜色	浅绿色	株型	半直立	株高（cm）	60.26
株幅（cm）	49.43	分枝类型	无限分枝	主茎色	绿带紫条纹
茎茸毛	稀	叶形	披针形	叶色	深绿色
叶缘	全缘	叶片长（cm）	11.51	叶片宽（cm）	4.92
叶柄长（cm）	5.52	叶面特征	微皱	首花节位	11
花冠色	白色	花药颜色	紫色	花柱颜色	白色
花柱长度	长于雄蕊	花梗着生状态	下垂	青熟果色	黄绿色
果面棱沟	无	果面光泽	有	商品果纵径（cm）	18.46
商品果横径（cm）	2.26	果梗长度（cm）	5.36	果形	指形
果肉厚（cm）	0.24	老熟果色	红色	辣味	极轻微辣

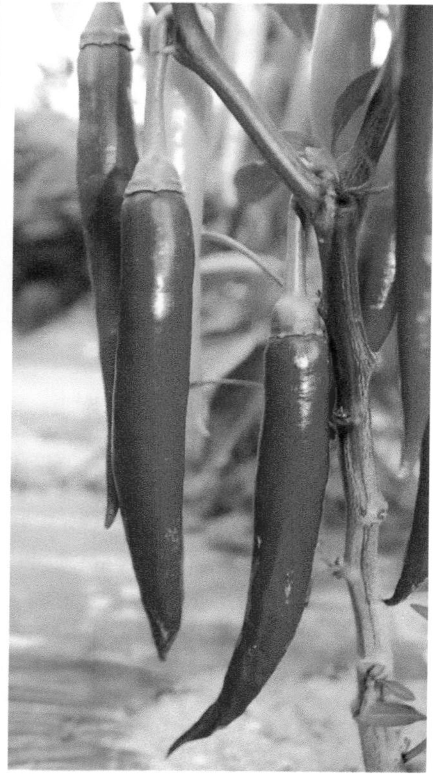

种质名称：CXX481					
子叶颜色	浅绿色	株型	半直立	株高（cm）	56.42
株幅（cm）	58.16	分枝类型	无限分枝	主茎色	绿带紫条纹
茎茸毛	中	叶形	披针形	叶色	深绿色
叶缘	全缘	叶片长（cm）	10.52	叶片宽（cm）	4.51
叶柄长（cm）	4.82	叶面特征	微皱	首花节位	6
花冠色	白色	花药颜色	紫色	花柱颜色	白色
花柱长度	长于雄蕊	花梗着生状态	下垂	青熟果色	绿色
果面棱沟	无	果面光泽	有	商品果纵径（cm）	16.63
商品果横径（cm）	1.81	果梗长度（cm）	5.68	果形	指形
果肉厚（cm）	0.32	老熟果色	红色	辣味	极轻微辣

种质名称：CXX483					
子叶颜色	浅绿色	株型	半直立	株高（cm）	58.76
株幅（cm）	59.56	分枝类型	无限分枝	主茎色	绿带紫条纹
茎茸毛	稀	叶形	披针形	叶色	深绿色
叶缘	全缘	叶片长（cm）	10.34	叶片宽（cm）	3.81
叶柄长（cm）	4.23	叶面特征	微皱	首花节位	10
花冠色	白色	花药颜色	紫色	花柱颜色	白色
花柱长度	短于雄蕊	花梗着生状态	下垂	青熟果色	黄绿色
果面棱沟	无	果面光泽	有	商品果纵径（cm）	15.62
商品果横径（cm）	2.22	果梗长度（cm）	5.51	果形	指形
果肉厚（cm）	0.21	老熟果色	红色	辣味	无辣味

种质名称：CXX507					
子叶颜色	浅绿色	株型	半直立	株高（cm）	53.12
株幅（cm）	55.42	分枝类型	无限分枝	主茎色	绿带紫条纹
茎茸毛	无	叶形	长卵圆形	叶色	深绿色
叶缘	全缘	叶片长（cm）	14.22	叶片宽（cm）	7.11
叶柄长（cm）	5.11	叶面特征	微皱	首花节位	8
花冠色	白色	花药颜色	蓝色	花柱颜色	白色
花柱长度	短于雄蕊	花梗着生状态	下垂	青熟果色	深绿色
果面棱沟	无	果面光泽	有	商品果纵径（cm）	9.82
商品果横径（cm）	3.42	果梗长度（cm）	4.23	果形	短指形
果肉厚（cm）	0.61	老熟果色	红色	辣味	极轻微辣

种质名称：CXX516					
子叶颜色	浅绿色	株型	半直立	株高（cm）	35.23
株幅（cm）	55.22	分枝类型	无限分枝	主茎色	绿带紫条纹
茎茸毛	无	叶形	披针形	叶色	深绿色
叶缘	全缘	叶片长（cm）	13.42	叶片宽（cm）	6.13
叶柄长（cm）	7.52	叶面特征	微皱	首花节位	6
花冠色	白色	花药颜色	蓝色	花柱颜色	白色
花柱长度	长于雄蕊	花梗着生状态	下垂	青熟果色	深绿色
果面棱沟	无	果面光泽	有	商品果纵径（cm）	12.21
商品果横径（cm）	7.91	果梗长度（cm）	4.12	果形	指形
果肉厚（cm）	0.35	老熟果色	红色	辣味	极轻微辣

种质名称：CXX624					
子叶颜色	浅绿色	株型	半直立	株高（cm）	65.23
株幅（cm）	80.21	分枝类型	无限分枝	主茎色	绿带紫条纹
茎茸毛	中	叶形	披针形	叶色	深绿色
叶缘	全缘	叶片长（cm）	11.25	叶片宽（cm）	5.21
叶柄长（cm）	7.75	叶面特征	微皱	首花节位	7
花冠色	白色	花药颜色	蓝色	花柱颜色	白色
花柱长度	与雄蕊近等长	花梗着生状态	下垂	青熟果色	绿色
果面棱沟	无	果面光泽	有	商品果纵径（cm）	10.22
商品果横径（cm）	1.81	果梗长度（cm）	3.62	果形	指形
果肉厚（cm）	0.32	老熟果色	红色	辣味	辣

种质名称：CXX632					
子叶颜色	浅绿色	株型	半直立	株高（cm）	60.31
株幅（cm）	50.11	分枝类型	无限分枝	主茎色	绿带紫条纹
茎茸毛	密	叶形	披针形	叶色	深绿色
叶缘	全缘	叶片长（cm）	12.22	叶片宽（cm）	4.51
叶柄长（cm）	5.51	叶面特征	微皱	首花节位	9
花冠色	白色	花药颜色	蓝色	花柱颜色	白色
花柱长度	长于雄蕊	花梗着生状态	下垂	青熟果色	深绿色
果面棱沟	无	果面光泽	有	商品果纵径（cm）	9.42
商品果横径（cm）	2.12	果梗长度（cm）	5.61	果形	长指形
果肉厚（cm）	0.31	老熟果色	红色	辣味	极轻微辣

种质名称：CXX652					
子叶颜色	紫色	株型	半直立	株高（cm）	109.11
株幅（cm）	57.12	分枝类型	无限分枝	主茎色	紫色
茎茸毛	稀	叶形	长卵圆形	叶色	紫色
叶缘	全缘	叶片长（cm）	19.51	叶片宽（cm）	8.55
叶柄长（cm）	6.75	叶面特征	微皱	首花节位	16
花冠色	紫色	花药颜色	紫色	花柱颜色	紫色
花柱长度	长于雄蕊	花梗着生状态	下垂	青熟果色	浅紫色
果面棱沟	浅	果面光泽	有	商品果纵径（cm）	8.31
商品果横径（cm）	1.32	果梗长度（cm）	6.22	果形	短羊角形
果肉厚（cm）	0.13	老熟果色	橘红色	辣味	辣

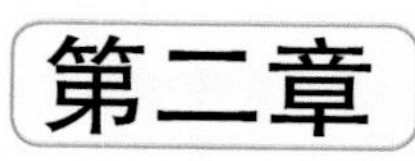

灯笼椒类种质资源

种质名称：VGS002					
子叶颜色	浅绿色	株型	半直立	主茎色	浅绿色
茎茸毛	无	分枝类型	无限分枝	叶色	深绿色
叶缘	全缘	叶形	长卵圆形	叶片宽（cm）	6.70
叶柄长（cm）	9.90	叶片长（cm）	11.50	首花节位	8
花冠色	白色	花药颜色	黄色	花柱颜色	白色
花柱长度	短于雄蕊	花梗着生状态	下垂	青熟果色	浅绿色
果面棱沟	深	果面光泽	有	商品果纵径（cm）	9.70
商品果横径（cm）	9.70	果梗长度（cm）	5.40	果形	方灯笼形
果肉厚（cm）	0.72	老熟果色	红色	辣味	无辣味

种质名称：VGS003					
子叶颜色	浅绿色	株型	半直立	主茎色	浅绿色
茎茸毛	无	分枝类型	无限分枝	叶色	浅绿色
叶缘	全缘	叶形	长卵圆形	叶片宽（cm）	8.40
叶柄长（cm）	10.10	叶片长（cm）	16.40	首花节位	7
花冠色	白色	花药颜色	黄色	花柱颜色	白色
花柱长度	短于雄蕊	花梗着生状态	直立	青熟果色	浅绿色
果面棱沟	中	果面光泽	有	商品果纵径（cm）	10.60
商品果横径（cm）	8.60	果梗长度（cm）	4.90	果形	灯笼形
果肉厚（cm）	0.84	老熟果色	黄色	辣味	无辣味

种质名称：VGS005					
子叶颜色	浅绿色	株型	半直立	主茎色	浅绿色
茎茸毛	无	分枝类型	无限分枝	叶色	浅绿色
叶缘	全缘	叶形	长卵圆形	叶片宽（cm）	10.50
叶柄长（cm）	10.80	叶片长（cm）	15.50	首花节位	9
花冠色	白色	花药颜色	蓝色	花柱颜色	白色
花柱长度	短于雄蕊	花梗着生状态	下垂	青熟果色	绿色
果面棱沟	中	果面光泽	有	商品果纵径（cm）	8.60
商品果横径（cm）	7.60	果梗长度（cm）	3.40	果形	方灯笼形
果肉厚（cm）	0.97	老熟果色	红色	辣味	无辣味

种质名称：VGS007					
子叶颜色	浅绿色	株型	半直立	主茎色	绿带紫条纹
茎茸毛	无	分枝类型	无限分枝	叶色	浅绿色
叶缘	全缘	叶形	长卵圆形	叶片宽（cm）	6.50
叶柄长（cm）	10.50	叶片长（cm）	11.80	首花节位	7
花冠色	白色	花药颜色	蓝色	花柱颜色	白色
花柱长度	短于雄蕊	花梗着生状态	直立	青熟果色	浅绿色
果面棱沟	浅	果面光泽	有	商品果纵径（cm）	14.10
商品果横径（cm）	9.20	果梗长度（cm）	3.10	果形	长灯笼形
果肉厚（cm）	0.73	老熟果色	黄色	辣味	无辣味

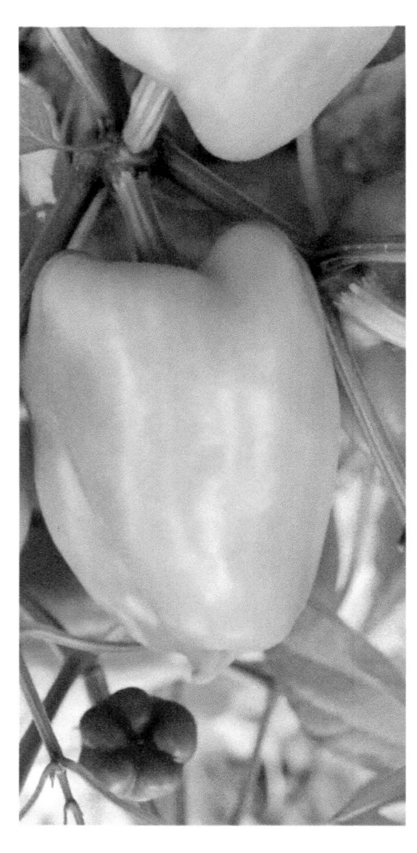

种质名称：VGS008					
子叶颜色	浅绿色	株型	半直立	主茎色	浅绿色
茎茸毛	无	分枝类型	无限分枝	叶色	浅绿色
叶缘	全缘	叶形	长卵圆形	叶片宽（cm）	7.40
叶柄长（cm）	15.40	叶片长（cm）	16.80	首花节位	8
花冠色	白色	花药颜色	黄色	花柱颜色	白色
花柱长度	短于雄蕊	花梗着生状态	下垂	青熟果色	绿色
果面棱沟	浅	果面光泽	有	商品果纵径（cm）	11.50
商品果横径（cm）	7.30	果梗长度（cm）	4.10	果形	灯笼形
果肉厚（cm）	0.76	老熟果色	红色	辣味	无辣味

种质名称：VGS010					
子叶颜色	浅绿色	株型	半直立	主茎色	绿带紫条纹
茎茸毛	无	分枝类型	无限分枝	叶色	浅绿色
叶缘	全缘	叶形	长卵圆形	叶片宽（cm）	6.90
叶柄长（cm）	8.30	叶片长（cm）	13.30	首花节位	10
花冠色	白色	花药颜色	黄色	花柱颜色	白色
花柱长度	短于雄蕊	花梗着生状态	下垂	青熟果色	黄白色
果面棱沟	中	果面光泽	有	商品果纵径（cm）	9.10
商品果横径（cm）	8.10	果梗长度（cm）	3.10	果形	方灯笼形
果肉厚（cm）	0.61	老熟果色	黄色	辣味	无辣味

种质名称：VGS014					
子叶颜色	浅绿色	株型	半直立	株高（cm）	67.70
株幅（cm）	52.30	分枝类型	无限分枝	主茎色	绿带紫条纹
茎茸毛	无	叶形	长卵圆形	叶色	浅绿色
叶缘	全缘	叶片长（cm）	13.30	叶片宽（cm）	8.10
叶柄长（cm）	10.70	叶面特征	微皱	首花节位	7
花冠色	白色	花药颜色	蓝色	花柱颜色	白色
花柱长度	短于雄蕊	花梗着生状态	侧生	青熟果色	紫黑色
果面棱沟	浅	果面光泽	有	商品果纵径（cm）	11.10
商品果横径（cm）	7.40	果梗长度（cm）	3.50	果形	长灯笼形
果肉厚（cm）	0.42	老熟果色	深红色	辣味	无辣味

种质名称：VGS015					
子叶颜色	浅绿色	株型	半直立	株高（cm）	58.80
株幅（cm）	54.70	分枝类型	无限分枝	主茎色	绿带紫条纹
茎茸毛	无	叶形	长卵圆形	叶色	深绿色
叶缘	全缘	叶片长（cm）	12.90	叶片宽（cm）	7.30
叶柄长（cm）	10.50	叶面特征	微皱	首花节位	9
花冠色	白色	花药颜色	蓝色	花柱颜色	白色
花柱长度	短于雄蕊	花梗着生状态	下垂	青熟果色	紫黑色
果面棱沟	浅	果面光泽	有	商品果纵径（cm）	11.50
商品果横径（cm）	8.10	果梗长度（cm）	3.60	果形	方灯笼形
果肉厚（cm）	0.64	老熟果色	深红色	辣味	无辣味

种质名称：VGS017					
子叶颜色	浅绿色	株型	半直立	株高（cm）	64.80
株幅（cm）	51.50	分枝类型	无限分枝	主茎色	绿带紫条纹
茎茸毛	无	叶形	长卵圆形	叶色	绿色
叶缘	全缘	叶片长（cm）	13.30	叶片宽（cm）	6.50
叶柄长（cm）	7.70	叶面特征	微皱	首花节位	6
花冠色	白色	花药颜色	黄色	花柱颜色	白色
花柱长度	短于雄蕊	花梗着生状态	下垂	青熟果色	黄白色
果面棱沟	浅	果面光泽	有	商品果纵径（cm）	9.10
商品果横径（cm）	5.90	果梗长度（cm）	2.30	果形	长灯笼形
果肉厚（cm）	0.72	老熟果色	黄色	辣味	无辣味

种质名称：VGS024					
子叶颜色	浅绿色	株型	半直立	主茎色	绿带紫条纹
茎茸毛	无	分枝类型	无限分枝	叶色	浅绿色
叶缘	全缘	叶形	长卵圆形	叶片宽（cm）	5.80
叶柄长（cm）	8.90	叶片长（cm）	13.10	首花节位	7
花冠色	白色	花药颜色	蓝色	花柱颜色	白色
花柱长度	短于雄蕊	花梗着生状态	下垂	青熟果色	黄白色
果面棱沟	浅	果面光泽	有	商品果纵径（cm）	8.30
商品果横径（cm）	6.90	果梗长度（cm）	2.40	果形	方灯笼形
果肉厚（cm）	0.68	老熟果色	黄色	辣味	无辣味

种质名称：VGS031					
子叶颜色	浅绿色	株型	半直立	株高（cm）	44.40
株幅（cm）	39.80	分枝类型	无限分枝	主茎色	绿色
茎茸毛	无	叶形	长卵圆形	叶色	浅绿色
叶缘	全缘	叶片长（cm）	8.40	叶片宽（cm）	6.10
叶柄长（cm）	11.10	叶面特征	微皱	首花节位	9
花冠色	白色	花药颜色	黄色	花柱颜色	白色
花柱长度	短于雄蕊	花梗着生状态	下垂	青熟果色	绿色
果面棱沟	中	果面光泽	有	商品果纵径（cm）	13.10
商品果横径（cm）	7.70	果梗长度（cm）	4.40	果形	长灯笼形
果肉厚（cm）	0.80	老熟果色	红色	辣味	无辣味

种质名称：VGS044					
子叶颜色	浅绿色	株型	半直立	株高（cm）	52.00
株幅（cm）	43.00	分枝类型	无限分枝	主茎色	绿带紫条纹
茎茸毛	无	叶形	长卵圆形	叶色	绿色
叶缘	全缘	叶片长（cm）	13.20	叶片宽（cm）	7.50
叶柄长（cm）	7.50	叶面特征	微皱	首花节位	6
花冠色	白色	花药颜色	黄色	花柱颜色	白色
花柱长度	短于雄蕊	花梗着生状态	下垂	青熟果色	绿色
果面棱沟	浅	果面光泽	有	商品果纵径（cm）	11.70
商品果横径（cm）	6.50	果梗长度（cm）	3.50	果形	长灯笼形
果肉厚（cm）	0.62	老熟果色	红色	辣味	无辣味

种质名称：VGS049					
子叶颜色	浅绿色	株型	半直立	株高（cm）	67.00
株幅（cm）	72.00	分枝类型	无限分枝	主茎色	绿带紫条纹
茎茸毛	无	叶形	长卵圆形	叶色	深绿色
叶缘	全缘	叶片长（cm）	14.00	叶片宽（cm）	7.40
叶柄长（cm）	10.50	叶面特征	微皱	首花节位	6
花冠色	白色	花药颜色	蓝色	花柱颜色	白色
花柱长度	短于雄蕊	花梗着生状态	下垂	青熟果色	绿色
果面棱沟	中	果面光泽	有	商品果纵径（cm）	10.50
商品果横径（cm）	8.40	果梗长度（cm）	5.60	果形	方灯笼形
果肉厚（cm）	0.71	老熟果色	红色	辣味	无辣味

种质名称：VGS056					
子叶颜色	浅绿色	株型	半直立	株高（cm）	47.00
株幅（cm）	64.00	分枝类型	无限分枝	主茎色	绿色
茎茸毛	无	叶形	长卵圆形	叶色	绿色
叶缘	全缘	叶片长（cm）	16.50	叶片宽（cm）	9.40
叶柄长（cm）	11.00	叶面特征	微皱	首花节位	5
花冠色	白色	花药颜色	黄色	花柱颜色	白色
花柱长度	短于雄蕊	花梗着生状态	下垂	青熟果色	绿色
果面棱沟	中	果面光泽	有	商品果纵径（cm）	13.30
商品果横径（cm）	9.00	果梗长度（cm）	3.50	果形	方灯笼形
果肉厚（cm）	0.91	老熟果色	红色	辣味	无辣味

种质名称：VGS080					
子叶颜色	浅绿色	株型	半直立	株高（cm）	50.00
株幅（cm）	42.00	分枝类型	无限分枝	主茎色	绿带紫条纹
茎茸毛	无	叶形	长卵圆形	叶色	绿色
叶缘	全缘	叶片长（cm）	14.80	叶片宽（cm）	7.50
叶柄长（cm）	8.50	叶面特征	微皱	首花节位	6
花冠色	白色	花药颜色	蓝色	花柱颜色	白色
花柱长度	短于雄蕊	花梗着生状态	下垂	青熟果色	绿色
果面棱沟	浅	果面光泽	有	商品果纵径（cm）	7.90
商品果横径（cm）	7.40	果梗长度（cm）	4.10	果形	方灯笼形
果肉厚（cm）	0.70	老熟果色	黄色	辣味	无辣味

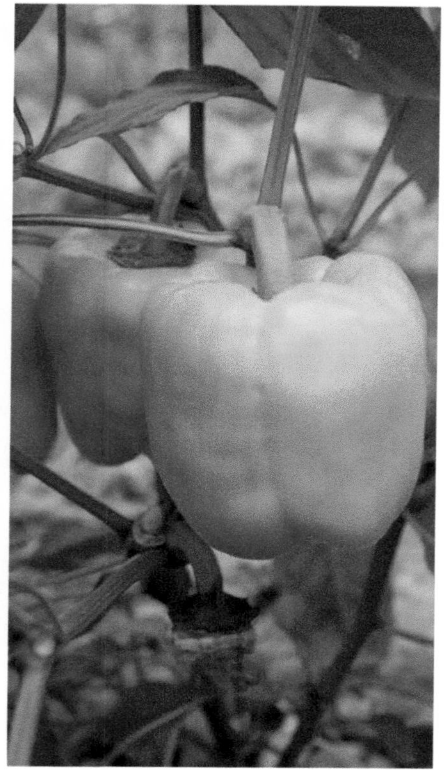

种质名称：VGS081					
子叶颜色	浅绿色	株型	半直立	株高（cm）	62.00
株幅（cm）	58.00	分枝类型	无限分枝	主茎色	绿带紫条纹
茎茸毛	无	叶形	长卵圆形	叶色	绿色
叶缘	全缘	叶片长（cm）	14.60	叶片宽（cm）	8.30
叶柄长（cm）	10.50	叶面特征	微皱	首花节位	7
花冠色	白色	花药颜色	蓝色	花柱颜色	白色
花柱长度	短于雄蕊	花梗着生状态	下垂	青熟果色	绿色
果面棱沟	中	果面光泽	有	商品果纵径（cm）	6.00
商品果横径（cm）	5.70	果梗长度（cm）	2.50	果形	方灯笼形
果肉厚（cm）	0.23	老熟果色	黄色	辣味	极轻微辣

种质名称：VGS084					
子叶颜色	浅绿色	株型	半直立	株高（cm）	59.00
株幅（cm）	44.00	分枝类型	无限分枝	主茎色	绿带紫条纹
茎茸毛	无	叶形	长卵圆形	叶色	绿色
叶缘	全缘	叶片长（cm）	15.80	叶片宽（cm）	8.50
叶柄长（cm）	9.50	叶面特征	微皱	首花节位	7
花冠色	白色	花药颜色	蓝色	花柱颜色	白色
花柱长度	短于雄蕊	花梗着生状态	下垂	青熟果色	浅绿色
果面棱沟	中	果面光泽	有	商品果纵径（cm）	7.90
商品果横径（cm）	7.40	果梗长度（cm）	4.80	果形	方灯笼形
果肉厚（cm）	0.51	老熟果色	红色	辣味	无辣味

种质名称：VGS086					
子叶颜色	浅绿色	株型	半直立	株高（cm）	51.00
株幅（cm）	46.00	分枝类型	无限分枝	主茎色	绿带紫条纹
茎茸毛	无	叶形	长卵圆形	叶色	绿色
叶缘	全缘	叶片长（cm）	13.60	叶片宽（cm）	7.60
叶柄长（cm）	9.50	叶面特征	皱	首花节位	4
花冠色	白色	花药颜色	蓝色	花柱颜色	白色
花柱长度	短于雄蕊	花梗着生状态	下垂	青熟果色	紫黑色
果面棱沟	中	果面光泽	有	商品果纵径（cm）	6.80
商品果横径（cm）	5.90	果梗长度（cm）	3.70	果形	长灯笼形
果肉厚（cm）	0.41	老熟果色	黄带紫条纹	辣味	无辣味

种质名称：VGS087					
子叶颜色	浅绿色	株型	半直立	株高（cm）	58.00
株幅（cm）	54.00	分枝类型	无限分枝	主茎色	绿带紫条纹
茎茸毛	无	叶形	披针形	叶色	绿色
叶缘	波纹状	叶片长（cm）	12.70	叶片宽（cm）	6.50
叶柄长（cm）	7.00	叶面特征	皱	首花节位	5
花冠色	白色	花药颜色	蓝色	花柱颜色	白色
花柱长度	短于雄蕊	花梗着生状态	下垂	青熟果色	紫色
果面棱沟	中	果面光泽	有	商品果纵径（cm）	8.70
商品果横径（cm）	7.60	果梗长度（cm）	5.70	果形	方灯笼形
果肉厚（cm）	0.54	老熟果色	黄带紫条纹	辣味	无辣味

种质名称：VGS088					
子叶颜色	浅绿色	株型	半直立	株高（cm）	44.00
株幅（cm）	53.00	分枝类型	无限分枝	主茎色	绿带紫条纹
茎茸毛	无	叶形	披针形	叶色	绿色
叶缘	全缘	叶片长（cm）	12.60	叶片宽（cm）	6.80
叶柄长（cm）	8.00	叶面特征	皱	首花节位	5
花冠色	白色	花药颜色	蓝色	花柱颜色	白色
花柱长度	短于雄蕊	花梗着生状态	下垂	青熟果色	紫色
果面棱沟	浅	果面光泽	有	商品果纵径（cm）	8.10
商品果横径（cm）	7.90	果梗长度（cm）	5.40	果形	方灯笼形
果肉厚（cm）	0.61	老熟果色	黄带紫条纹	辣味	无辣味

种质名称：VGS092					
子叶颜色	浅绿色	株型	半直立	株高（cm）	52.00
株幅（cm）	51.00	分枝类型	无限分枝	主茎色	绿带紫条纹
茎茸毛	无	叶形	披针形	叶色	绿色
叶缘	波纹状	叶片长（cm）	14.70	叶片宽（cm）	7.70
叶柄长（cm）	11.50	叶面特征	皱	首花节位	8
花冠色	白色	花药颜色	蓝色	花柱颜色	白色
花柱长度	短于雄蕊	花梗着生状态	下垂	青熟果色	紫色
果面棱沟	浅	果面光泽	有	商品果纵径（cm）	7.30
商品果横径（cm）	6.90	果梗长度（cm）	3.50	果形	方灯笼形
果肉厚（cm）	0.70	老熟果色	红带紫条纹	辣味	无辣味

种质名称：VGS098					
子叶颜色	浅绿色	株型	半直立	株高（cm）	55.00
株幅（cm）	44.00	分枝类型	无限分枝	主茎色	绿色
茎茸毛	无	叶形	长卵圆形	叶色	绿色
叶缘	全缘	叶片长（cm）	16.00	叶片宽（cm）	9.50
叶柄长（cm）	12.00	叶面特征	皱	首花节位	7
花冠色	白色	花药颜色	蓝色	花柱颜色	白色
花柱长度	短于雄蕊	花梗着生状态	下垂	青熟果色	浅绿色
果面棱沟	中	果面光泽	有	商品果纵径（cm）	12.20
商品果横径（cm）	7.70	果梗长度（cm）	4.10	果形	长灯笼形
果肉厚（cm）	0.51	老熟果色	红色	辣味	无辣味

种质名称：VGS099					
子叶颜色	浅绿色	株型	半直立	株高（cm）	42.00
株幅（cm）	45.00	分枝类型	无限分枝	主茎色	绿带紫条纹
茎茸毛	无	叶形	长卵圆形	叶色	绿色
叶缘	全缘	叶片长（cm）	11.60	叶片宽（cm）	6.20
叶柄长（cm）	6.80	叶面特征	微皱	首花节位	6
花冠色	白色	花药颜色	蓝色	花柱颜色	白色
花柱长度	短于雄蕊	花梗着生状态	下垂	青熟果色	绿带紫条纹
果面棱沟	中	果面光泽	有	商品果纵径（cm）	6.20
商品果横径（cm）	7.80	果梗长度（cm）	3.70	果形	方灯笼形
果肉厚（cm）	0.35	老熟果色	黄带紫条纹	辣味	无辣味

种质名称：VGS100					
子叶颜色	浅绿色	株型	半直立	株高（cm）	50.23
株幅（cm）	45.10	分枝类型	无限分枝	主茎色	绿带紫条纹
茎茸毛	无	叶形	长卵圆形	叶色	深绿色
叶缘	全缘	叶片长（cm）	15.50	叶片宽（cm）	9.10
叶柄长（cm）	5.50	叶面特征	微皱	首花节位	7
花冠色	白色	花药颜色	蓝色	花柱颜色	白色
花柱长度	短于雄蕊	花梗着生状态	下垂	青熟果色	紫黑色
果面棱沟	浅	果面光泽	有	商品果纵径（cm）	9.26
商品果横径（cm）	7.70	果梗长度（cm）	5.10	果形	方灯笼形
果肉厚（cm）	0.54	老熟果色	红色	辣味	无辣味

种质名称：VGS102					
子叶颜色	浅绿色	株型	半直立	株高（cm）	48.06
株幅（cm）	37.01	分枝类型	无限分枝	主茎色	绿带紫条纹
茎茸毛	无	叶形	长卵圆形	叶色	绿色
叶缘	全缘	叶片长（cm）	14.06	叶片宽（cm）	8.32
叶柄长（cm）	9.52	叶面特征	微皱	首花节位	8
花冠色	白色	花药颜色	蓝色	花柱颜色	白色
花柱长度	短于雄蕊	花梗着生状态	下垂	青熟果色	绿色
果面棱沟	浅	果面光泽	有	商品果纵径（cm）	11.21
商品果横径（cm）	7.32	果梗长度（cm）	5.23	果形	长灯笼形
果肉厚（cm）	0.55	老熟果色	黄色	辣味	无辣味

种质名称：VGS104					
子叶颜色	浅绿色	株型	半直立	株高（cm）	52.02
株幅（cm）	50.01	分枝类型	无限分枝	主茎色	绿带紫条纹
茎茸毛	无	叶形	长卵圆形	叶色	深绿色
叶缘	全缘	叶片长（cm）	12.06	叶片宽（cm）	6.22
叶柄长（cm）	6.58	叶面特征	微皱	首花节位	8
花冠色	白色	花药颜色	蓝色	花柱颜色	白色
花柱长度	短于雄蕊	花梗着生状态	下垂	青熟果色	黄白色
果面棱沟	中	果面光泽	有	商品果纵径（cm）	7.71
商品果横径（cm）	7.16	果梗长度（cm）	3.62	果形	方灯笼形
果肉厚（cm）	0.55	老熟果色	红色	辣味	无辣味

种质名称：VGS127					
子叶颜色	浅绿色	株型	半直立	株高（cm）	42.01
株幅（cm）	50.02	分枝类型	无限分枝	主茎色	绿色
茎茸毛	无	叶形	长卵圆形	叶色	深绿色
叶缘	全缘	叶片长（cm）	16.01	叶片宽（cm）	7.82
叶柄长（cm）	7.52	叶面特征	微皱	首花节位	7
花冠色	白色	花药颜色	蓝色	花柱颜色	白色
花柱长度	短于雄蕊	花梗着生状态	下垂	青熟果色	绿色
果面棱沟	中	果面光泽	有	商品果纵径（cm）	8.51
商品果横径（cm）	8.82	果梗长度（cm）	4.92	果形	方灯笼形
果肉厚（cm）	0.64	老熟果色	黄色	辣味	无辣味

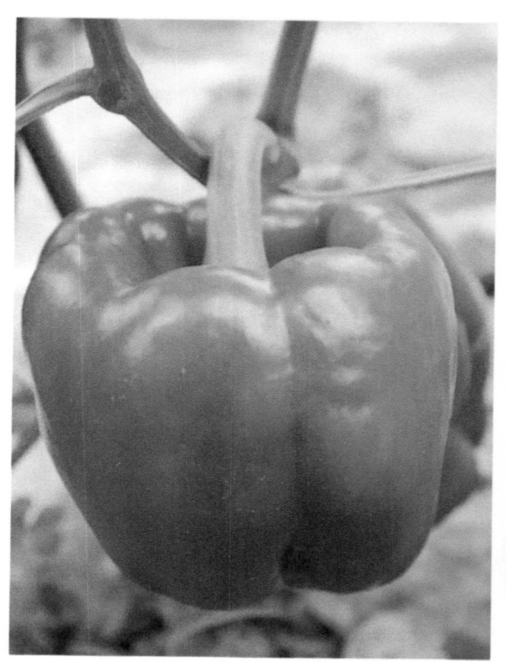

种质名称：VGS136					
子叶颜色	浅绿色	株型	半直立	株高（cm）	48.03
株幅（cm）	53.02	分枝类型	无限分枝	主茎色	黄绿色
茎茸毛	无	叶形	长卵圆形	叶色	浅绿色
叶缘	全缘	叶片长（cm）	12.31	叶片宽（cm）	6.51
叶柄长（cm）	7.62	叶面特征	微皱	首花节位	5
花冠色	白色	花药颜色	黄色	花柱颜色	白色
花柱长度	短于雄蕊	花梗着生状态	直立	青熟果色	黄白色
果面棱沟	中	果面光泽	有	商品果纵径（cm）	7.95
商品果横径（cm）	7.23	果梗长度（cm）	1.62	果形	方灯笼形
果肉厚（cm）	0.76	老熟果色	黄色	辣味	无辣味

种质名称：VGS155					
子叶颜色	浅绿色	株型	半直立	株高（cm）	56.03
株幅（cm）	52.01	分枝类型	无限分枝	主茎色	浅绿色
茎茸毛	无	叶形	长卵圆形	叶色	绿色
叶缘	全缘	叶片长（cm）	15.32	叶片宽（cm）	8.32
叶柄长（cm）	9.52	叶面特征	微皱	首花节位	8
花冠色	白色	花药颜色	蓝色	花柱颜色	白色
花柱长度	短于雄蕊	花梗着生状态	下垂	青熟果色	绿色
果面棱沟	中	果面光泽	有	商品果纵径（cm）	8.83
商品果横径（cm）	7.61	果梗长度（cm）	5.71	果形	方灯笼形
果肉厚（cm）	0.63	老熟果色	黄色	辣味	无辣味

种质名称：VGS161					
子叶颜色	浅绿色	株型	直立	株高（cm）	61.02
株幅（cm）	52.02	分枝类型	无限分枝	主茎色	绿带紫条纹
茎茸毛	无	叶形	长卵圆形	叶色	绿色
叶缘	全缘	叶片长（cm）	12.32	叶片宽（cm）	8.74
叶柄长（cm）	11.02	叶面特征	微皱	首花节位	9
花冠色	白色	花药颜色	蓝色	花柱颜色	白色
花柱长度	短于雄蕊	花梗着生状态	下垂	青熟果色	深绿色
果面棱沟	中	果面光泽	有	商品果纵径（cm）	9.82
商品果横径（cm）	7.21	果梗长度（cm）	4.41	果形	短锥形
果肉厚（cm）	0.50	老熟果色	黄色	辣味	无辣味

种质名称：VGS164					
子叶颜色	浅绿色	株型	直立	株高（cm）	60.03
株幅（cm）	43.02	分枝类型	无限分枝	主茎色	浅绿色
茎茸毛	无	叶形	长卵圆形	叶色	绿色
叶缘	全缘	叶片长（cm）	15.73	叶片宽（cm）	7.31
叶柄长（cm）	6.52	叶面特征	微皱	首花节位	11
花冠色	白色	花药颜色	黄色	花柱颜色	白色
花柱长度	短于雄蕊	花梗着生状态	下垂	青熟果色	深绿色
果面棱沟	浅	果面光泽	有	商品果纵径（cm）	8.42
商品果横径（cm）	7.21	果梗长度（cm）	5.02	果形	长灯笼形
果肉厚（cm）	0.60	老熟果色	黄色	辣味	无辣味

种质名称：VGS168					
子叶颜色	浅绿色	株型	半直立	株高（cm）	77.03
株幅（cm）	57.02	分枝类型	无限分枝	主茎色	绿色
茎茸毛	无	叶形	长卵圆形	叶色	绿色
叶缘	全缘	叶片长（cm）	16.62	叶片宽（cm）	9.01
叶柄长（cm）	12.01	叶面特征	微皱	首花节位	8
花冠色	白色	花药颜色	蓝色	花柱颜色	白色
花柱长度	短于雄蕊	花梗着生状态	下垂	青熟果色	绿色
果面棱沟	中	果面光泽	有	商品果纵径（cm）	5.62
商品果横径（cm）	9.81	果梗长度（cm）	3.71	果形	扁灯笼形
果肉厚（cm）	0.37	老熟果色	黄色	辣味	无辣味

种质名称：VGS169					
子叶颜色	浅绿色	株型	半直立	株高（cm）	52.02
株幅（cm）	45.01	分枝类型	无限分枝	主茎色	绿色
茎茸毛	无	叶形	长卵圆形	叶色	绿色
叶缘	全缘	叶片长（cm）	12.25	叶片宽（cm）	6.01
叶柄长（cm）	10.02	叶面特征	微皱	首花节位	10
花冠色	白色	花药颜色	黄色	花柱颜色	白色
花柱长度	短于雄蕊	花梗着生状态	直立	青熟果色	深绿色
果面棱沟	中	果面光泽	有	商品果纵径（cm）	7.45
商品果横径（cm）	7.71	果梗长度（cm）	1.71	果形	长灯笼形
果肉厚（cm）	0.03	老熟果色	黄色	辣味	无辣味

种质名称：VGS171					
子叶颜色	浅绿色	株型	半直立	株高（cm）	47.01
株幅（cm）	44.02	分枝类型	无限分枝	主茎色	绿色
茎茸毛	无	叶形	长卵圆形	叶色	绿色
叶缘	全缘	叶片长（cm）	14.22	叶片宽（cm）	7.22
叶柄长（cm）	9.52	叶面特征	微皱	首花节位	7
花冠色	白色	花药颜色	黄色	花柱颜色	白色
花柱长度	短于雄蕊	花梗着生状态	下垂	青熟果色	绿色
果面棱沟	中	果面光泽	有	商品果纵径（cm）	8.81
商品果横径（cm）	6.42	果梗长度（cm）	6.03	果形	方灯笼形
果肉厚（cm）	0.41	老熟果色	黄色	辣味	无辣味

种质名称：VGS177					
子叶颜色	浅绿色	株型	半直立	株高（cm）	38.03
株幅（cm）	32.01	分枝类型	无限分枝	主茎色	黄绿色
茎茸毛	无	叶形	长卵圆形	叶色	绿色
叶缘	全缘	叶片长（cm）	11.52	叶片宽（cm）	6.61
叶柄长（cm）	7.02	叶面特征	微皱	首花节位	10
花冠色	白色	花药颜色	蓝色	花柱颜色	白色
花柱长度	短于雄蕊	花梗着生状态	下垂	青熟果色	紫色
果面棱沟	浅	果面光泽	有	商品果纵径（cm）	7.82
商品果横径（cm）	7.41	果梗长度（cm）	3.41	果形	长灯笼形
果肉厚（cm）	0.63	老熟果色	红带紫条纹	辣味	无辣味

种质名称：VGS179					
子叶颜色	浅绿色	株型	半直立	株高（cm）	45.03
株幅（cm）	42.01	分枝类型	无限分枝	主茎色	绿带紫条纹
茎茸毛	稀	叶形	长卵圆形	叶色	深绿色
叶缘	全缘	叶片长（cm）	13.03	叶片宽（cm）	7.02
叶柄长（cm）	9.02	叶面特征	微皱	首花节位	5
花冠色	白色	花药颜色	紫色	花柱颜色	白色
花柱长度	短于雄蕊	花梗着生状态	直立	青熟果色	紫黑色
果面棱沟	浅	果面光泽	有	商品果纵径（cm）	8.91
商品果横径（cm）	6.81	果梗长度（cm）	2.61	果形	长灯笼形
果肉厚（cm）	0.41	老熟果色	红色	辣味	无辣味

种质名称：VGS181					
子叶颜色	浅绿色	株型	半直立	株高（cm）	62.04
株幅（cm）	52.01	分枝类型	无限分枝	主茎色	绿色
茎茸毛	无	叶形	长卵圆形	叶色	绿色
叶缘	全缘	叶片长（cm）	12.63	叶片宽（cm）	7.22
叶柄长（cm）	9.03	叶面特征	微皱	首花节位	8
花冠色	白色	花药颜色	黄色	花柱颜色	白色
花柱长度	短于雄蕊	花梗着生状态	下垂	青熟果色	深绿色
果面棱沟	中	果面光泽	有	商品果纵径（cm）	8.61
商品果横径（cm）	8.61	果梗长度（cm）	5.61	果形	方灯笼形
果肉厚（cm）	0.56	老熟果色	红色	辣味	无辣味

种质名称：VGS182					
子叶颜色	浅绿色	株型	半直立	株高（cm）	71.01
株幅（cm）	54.02	分枝类型	无限分枝	主茎色	绿带紫条纹
茎茸毛	稀	叶形	长卵圆形	叶色	绿色
叶缘	全缘	叶片长（cm）	16.62	叶片宽（cm）	8.52
叶柄长（cm）	8.01	叶面特征	微皱	首花节位	10
花冠色	白色	花药颜色	紫色	花柱颜色	白色
花柱长度	短于雄蕊	花梗着生状态	下垂	青熟果色	紫黑色
果面棱沟	中	果面光泽	有	商品果纵径（cm）	8.22
商品果横径（cm）	5.72	果梗长度（cm）	4.63	果形	长灯笼形
果肉厚（cm）	0.22	老熟果色	红色	辣味	极轻微辣

种质名称：VGS183					
子叶颜色	浅绿色	株型	半直立	株高（cm）	57.52
株幅（cm）	50.51	分枝类型	无限分枝	主茎色	浅绿色
茎茸毛	无	叶形	长卵圆形	叶色	绿色
叶缘	全缘	叶片长（cm）	14.42	叶片宽（cm）	8.11
叶柄长（cm）	10.25	叶面特征	微皱	首花节位	8
花冠色	白色	花药颜色	蓝色	花柱颜色	白色
花柱长度	短于雄蕊	花梗着生状态	下垂	青熟果色	绿带紫条纹
果面棱沟	中	果面光泽	有	商品果纵径（cm）	7.22
商品果横径（cm）	7.22	果梗长度（cm）	3.41	果形	长灯笼形
果肉厚（cm）	0.53	老熟果色	红色	辣味	无辣味

种质名称：VGS184					
子叶颜色	浅绿色	株型	半直立	株高（cm）	34.03
株幅（cm）	37.02	分枝类型	无限分枝	主茎色	绿带紫条纹
茎茸毛	无	叶形	长卵圆形	叶色	绿色
叶缘	全缘	叶片长（cm）	11.71	叶片宽（cm）	6.32
叶柄长（cm）	7.52	叶面特征	微皱	首花节位	7
花冠色	白色	花药颜色	蓝色	花柱颜色	白色
花柱长度	短于雄蕊	花梗着生状态	下垂	青熟果色	紫黑色
果面棱沟	中	果面光泽	有	商品果纵径（cm）	8.22
商品果横径（cm）	5.21	果梗长度（cm）	4.11	果形	长灯笼形
果肉厚（cm）	0.44	老熟果色	红色	辣味	无辣味

种质名称：VGS185					
子叶颜色	浅绿色	株型	半直立	株高（cm）	55.21
株幅（cm）	49.51	分枝类型	无限分枝	主茎色	浅绿色
茎茸毛	无	叶形	长卵圆形	叶色	绿色
叶缘	全缘	叶片长（cm）	15.92	叶片宽（cm）	8.62
叶柄长（cm）	9.25	叶面特征	微皱	首花节位	7
花冠色	白色	花药颜色	黄色	花柱颜色	白色
花柱长度	短于雄蕊	花梗着生状态	下垂	青熟果色	绿带紫条纹
果面棱沟	浅	果面光泽	有	商品果纵径（cm）	5.81
商品果横径（cm）	7.98	果梗长度（cm）	4.61	果形	长灯笼形
果肉厚（cm）	0.70	老熟果色	红色	辣味	无辣味

种质名称：VGS187					
子叶颜色	浅绿色	株型	半直立	株高（cm）	50.06
株幅（cm）	32.02	分枝类型	无限分枝	主茎色	浅绿色
茎茸毛	无	叶形	长卵圆形	叶色	绿色
叶缘	全缘	叶片长（cm）	17.03	叶片宽（cm）	7.81
叶柄长（cm）	7.03	叶面特征	微皱	首花节位	5
花冠色	白色	花药颜色	紫色	花柱颜色	白色
花柱长度	短于雄蕊	花梗着生状态	下垂	青熟果色	浅绿色
果面棱沟	中	果面光泽	有	商品果纵径（cm）	9.71
商品果横径（cm）	6.32	果梗长度（cm）	3.43	果形	长灯笼形
果肉厚（cm）	0.60	老熟果色	红色	辣味	无辣味

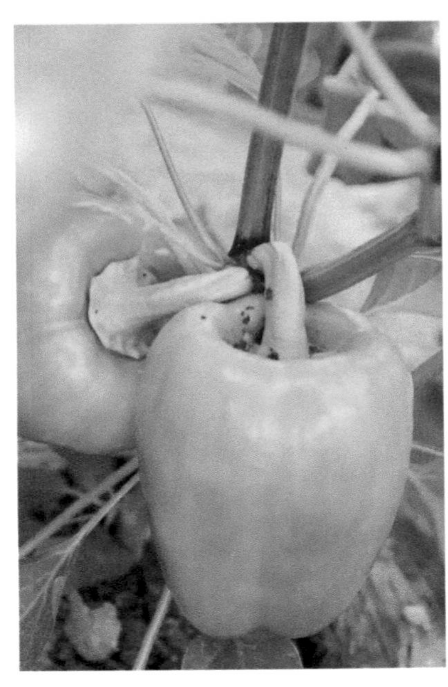

种质名称：VGS188					
子叶颜色	浅绿色	株型	半直立	株高（cm）	59.02
株幅（cm）	47.02	分枝类型	无限分枝	主茎色	浅绿色
茎茸毛	无	叶形	长卵圆形	叶色	绿色
叶缘	全缘	叶片长（cm）	18.02	叶片宽（cm）	9.05
叶柄长（cm）	8.53	叶面特征	微皱	首花节位	8
花冠色	白色	花药颜色	黄色	花柱颜色	白色
花柱长度	短于雄蕊	花梗着生状态	下垂	青熟果色	浅绿色
果面棱沟	中	果面光泽	有	商品果纵径（cm）	8.71
商品果横径（cm）	7.26	果梗长度（cm）	4.31	果形	方灯笼形
果肉厚（cm）	0.59	老熟果色	红色	辣味	无辣味

种质名称：VGS191					
子叶颜色	浅绿色	株型	半直立	株高（cm）	57.03
株幅（cm）	59.01	分枝类型	无限分枝	主茎色	绿带紫条纹
茎茸毛	无	叶形	长卵圆形	叶色	绿色
叶缘	全缘	叶片长（cm）	15.51	叶片宽（cm）	9.51
叶柄长（cm）	11.52	叶面特征	微皱	首花节位	8
花冠色	白色	花药颜色	紫色	花柱颜色	白色
花柱长度	短于雄蕊	花梗着生状态	下垂	青熟果色	紫黑色
果面棱沟	中	果面光泽	有	商品果纵径（cm）	8.42
商品果横径（cm）	7.21	果梗长度（cm）	3.62	果形	方灯笼形
果肉厚（cm）	0.47	老熟果色	红色	辣味	无辣味

种质名称：VGS200					
子叶颜色	浅绿色	株型	半直立	株高（cm）	45.02
株幅（cm）	40.02	分枝类型	无限分枝	主茎色	浅绿色
茎茸毛	无	叶形	长卵圆形	叶色	绿色
叶缘	全缘	叶片长（cm）	9.52	叶片宽（cm）	7.51
叶柄长（cm）	9.02	叶面特征	微皱	首花节位	8
花冠色	白色	花药颜色	蓝色	花柱颜色	白色
花柱长度	短于雄蕊	花梗着生状态	下垂	青熟果色	紫色
果面棱沟	中	果面光泽	有	商品果纵径（cm）	9.82
商品果横径（cm）	7.13	果梗长度（cm）	4.41	果形	方灯笼形
果肉厚（cm）	0.50	老熟果色	红带紫条纹	辣味	无辣味

种质名称：VGS201					
子叶颜色	浅绿色	株型	半直立	株高（cm）	47.02
株幅（cm）	55.02	分枝类型	无限分枝	主茎色	浅绿色
茎茸毛	无	叶形	长卵圆形	叶色	绿色
叶缘	全缘	叶片长（cm）	17.03	叶片宽（cm）	8.01
叶柄长（cm）	10.02	叶面特征	微皱	首花节位	6
花冠色	白色	花药颜色	蓝色	花柱颜色	白色
花柱长度	短于雄蕊	花梗着生状态	下垂	青熟果色	紫色
果面棱沟	中	果面光泽	有	商品果纵径（cm）	10.81
商品果横径（cm）	6.12	果梗长度（cm）	3.51	果形	长灯笼形
果肉厚（cm）	0.38	老熟果色	紫红色	辣味	无辣味

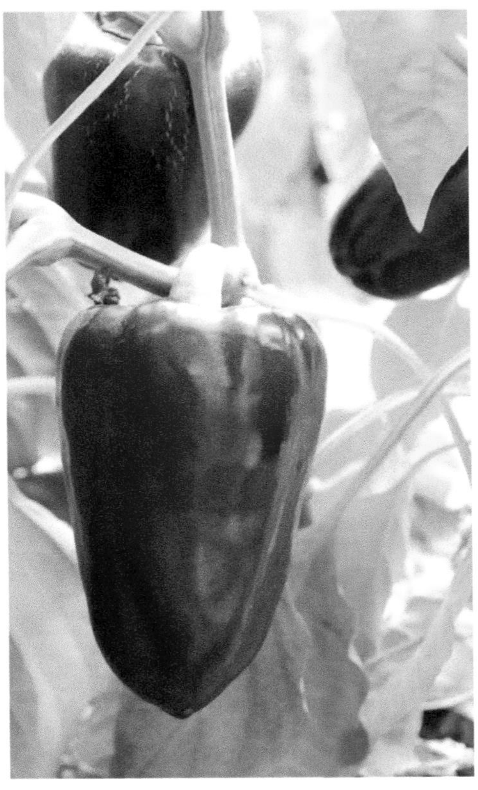

种质名称：VGS215					
子叶颜色	浅绿色	株型	直立	株高（cm）	58.01
株幅（cm）	55.02	分枝类型	无限分枝	主茎色	绿带紫条纹
茎茸毛	无	叶形	长卵圆形	叶色	深绿色
叶缘	全缘	叶片长（cm）	13.31	叶片宽（cm）	9.01
叶柄长（cm）	12.02	叶面特征	微皱	首花节位	7
花冠色	白色	花药颜色	蓝色	花柱颜色	白色
花柱长度	短于雄蕊	花梗着生状态	下垂	青熟果色	绿色
果面棱沟	中	果面光泽	有	商品果纵径（cm）	9.22
商品果横径（cm）	7.13	果梗长度（cm）	3.52	果形	方灯笼形
果肉厚（cm）	0.69	老熟果色	橘红色	辣味	无辣味

种质名称：VGS216					
子叶颜色	浅绿色	株型	直立	株高（cm）	56.03
株幅（cm）	43.02	分枝类型	无限分枝	主茎色	绿带紫条纹
茎茸毛	无	叶形	长卵圆形	叶色	深绿色
叶缘	全缘	叶片长（cm）	14.31	叶片宽（cm）	9.41
叶柄长（cm）	10.51	叶面特征	微皱	首花节位	8
花冠色	白色	花药颜色	蓝色	花柱颜色	白色
花柱长度	短于雄蕊	花梗着生状态	下垂	青熟果色	深绿色
果面棱沟	中	果面光泽	有	商品果纵径（cm）	11.21
商品果横径（cm）	9.32	果梗长度（cm）	5.12	果形	方灯笼形
果肉厚（cm）	0.72	老熟果色	黄色	辣味	无辣味

种质名称：VGS217					
子叶颜色	浅绿色	株型	直立	株高（cm）	56.01
株幅（cm）	48.03	分枝类型	无限分枝	主茎色	浅绿色
茎茸毛	无	叶形	长卵圆形	叶色	深绿色
叶缘	全缘	叶片长（cm）	15.71	叶片宽（cm）	9.03
叶柄长（cm）	12.01	叶面特征	微皱	首花节位	7
花冠色	白色	花药颜色	黄色	花柱颜色	白色
花柱长度	短于雄蕊	花梗着生状态	下垂	青熟果色	深绿色
果面棱沟	中	果面光泽	有	商品果纵径（cm）	5.41
商品果横径（cm）	8.43	果梗长度（cm）	3.52	果形	扁灯笼形
果肉厚（cm）	0.55	老熟果色	橘红色	辣味	无辣味

种质名称：VGS220					
子叶颜色	浅绿色	株型	直立	株高（cm）	67.01
株幅（cm）	46.02	分枝类型	无限分枝	主茎色	绿色
茎茸毛	无	叶形	长卵圆形	叶色	深绿色
叶缘	全缘	叶片长（cm）	16.51	叶片宽（cm）	8.31
叶柄长（cm）	14.01	叶面特征	微皱	首花节位	8
花冠色	白色	花药颜色	紫色	花柱颜色	白色
花柱长度	短于雄蕊	花梗着生状态	直立	青熟果色	深绿色
果面棱沟	中	果面光泽	有	商品果纵径（cm）	5.51
商品果横径（cm）	8.41	果梗长度（cm）	2.41	果形	方灯笼形
果肉厚（cm）	0.55	老熟果色	黄色	辣味	无辣味

种质名称：VGS232					
子叶颜色	浅绿色	株型	直立	株高（cm）	58.02
株幅（cm）	39.02	分枝类型	无限分枝	主茎色	浅绿色
茎茸毛	无	叶形	长卵圆形	叶色	深绿色
叶缘	全缘	叶片长（cm）	16.52	叶片宽（cm）	8.61
叶柄长（cm）	9.52	叶面特征	微皱	首花节位	6
花冠色	白色	花药颜色	黄色	花柱颜色	白色
花柱长度	短于雄蕊	花梗着生状态	下垂	青熟果色	绿色
果面棱沟	中	果面光泽	有	商品果纵径（cm）	8.72
商品果横径（cm）	9.41	果梗长度（cm）	6.71	果形	方灯笼形
果肉厚（cm）	0.49	老熟果色	橘红色	辣味	无辣味

种质名称：VGS243					
子叶颜色	浅绿色	株型	半直立	株高（cm）	63.21
株幅（cm）	46.12	分枝类型	无限分枝	主茎色	绿色
茎茸毛	无	叶形	长卵圆形	叶色	深绿色
叶缘	全缘	叶片长（cm）	14.61	叶片宽（cm）	8.02
叶柄长（cm）	7.02	叶面特征	微皱	首花节位	7
花冠色	白色	花药颜色	黄色	花柱颜色	白色
花柱长度	短于雄蕊	花梗着生状态	下垂	青熟果色	绿色
果面棱沟	中	果面光泽	有	商品果纵径（cm）	8.43
商品果横径（cm）	8.21	果梗长度（cm）	5.22	果形	方灯笼形
果肉厚（cm）	0.62	老熟果色	橘红色	辣味	无辣味

种质名称：VGS288					
子叶颜色	绿色	株型	半直立	株高（cm）	86.21
株幅（cm）	53.11	分枝类型	无限分枝	主茎色	绿色
茎茸毛	无	叶形	长卵圆形	叶色	深绿色
叶缘	全缘	叶片长（cm）	15.31	叶片宽（cm）	7.03
叶柄长（cm）	9.51	叶面特征	微皱	首花节位	8
花冠色	白色	花药颜色	浅蓝色	花柱颜色	白色
花柱长度	长于雄蕊	花梗着生状态	下垂	青熟果色	绿色
果面棱沟	浅	果面光泽	有	商品果纵径（cm）	18.12
商品果横径（cm）	9.21	果梗长度（cm）	3.13	果形	长灯笼形
果肉厚（cm）	0.42	老熟果色	黄色	辣味	无辣味

种质名称：VGS290					
子叶颜色	浅绿色	株型	半直立	株高（cm）	78.32
株幅（cm）	54.21	分枝类型	无限分枝	主茎色	绿色
茎茸毛	无	叶形	长卵圆形	叶色	深绿色
叶缘	全缘	叶片长（cm）	16.52	叶片宽（cm）	7.81
叶柄长（cm）	11.02	叶面特征	微皱	首花节位	9
花冠色	白色	花药颜色	紫色	花柱颜色	白色
花柱长度	长于雄蕊	花梗着生状态	下垂	青熟果色	绿色
果面棱沟	浅	果面光泽	有	商品果纵径（cm）	17.51
商品果横径（cm）	7.41	果梗长度（cm）	3.91	果形	长灯笼形
果肉厚（cm）	0.68	老熟果色	黄色	辣味	无辣味

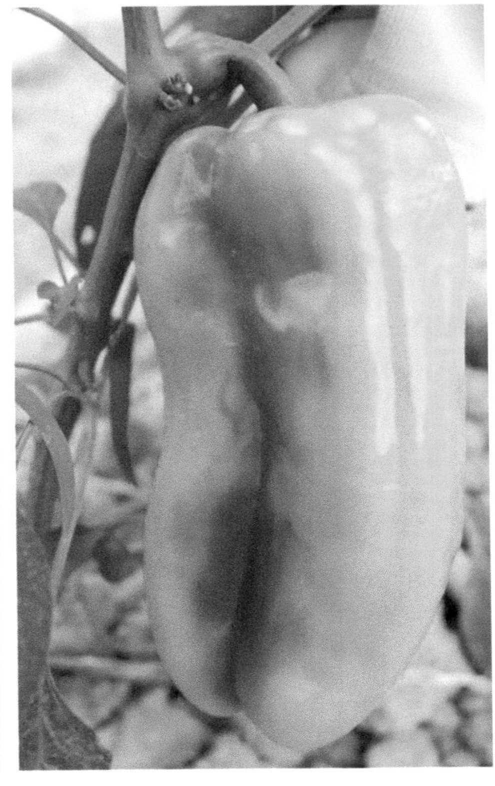

种质名称：VGS292					
子叶颜色	浅绿色	株型	半直立	株高（cm）	72.21
株幅（cm）	45.14	分枝类型	无限分枝	主茎色	绿色
茎茸毛	无	叶形	长卵圆形	叶色	深绿色
叶缘	全缘	叶片长（cm）	15.32	叶片宽（cm）	8.61
叶柄长（cm）	8.03	叶面特征	微皱	首花节位	10
花冠色	白色	花药颜色	紫色	花柱颜色	白色
花柱长度	短于雄蕊	花梗着生状态	下垂	青熟果色	深绿色
果面棱沟	浅	果面光泽	有	商品果纵径（cm）	8.82
商品果横径（cm）	6.91	果梗长度（cm）	3.12	果形	长灯笼形
果肉厚（cm）	0.46	老熟果色	红色	辣味	无辣味

种质名称：VGS320					
子叶颜色	浅绿色	株型	半直立	株高（cm）	45.31
株幅（cm）	38.21	分枝类型	无限分枝	主茎色	绿色
茎茸毛	无	叶形	长卵圆形	叶色	深绿色
叶缘	全缘	叶片长（cm）	12.06	叶片宽（cm）	7.06
叶柄长（cm）	9.53	叶面特征	微皱	首花节位	8
花冠色	白色	花药颜色	紫色	花柱颜色	白色
花柱长度	长于雄蕊	花梗着生状态	下垂	青熟果色	绿色
果面棱沟	浅	果面光泽	有	商品果纵径（cm）	9.41
商品果横径（cm）	7.71	果梗长度（cm）	3.91	果形	方灯笼形
果肉厚（cm）	0.61	老熟果色	红色	辣味	无辣味

种质名称：VGS328					
子叶颜色	浅绿色	株型	半直立	株高（cm）	47.21
株幅（cm）	37.12	分枝类型	无限分枝	主茎色	绿色
茎茸毛	无	叶形	长卵圆形	叶色	深绿色
叶缘	全缘	叶片长（cm）	14.51	叶片宽（cm）	8.02
叶柄长（cm）	7.02	叶面特征	微皱	首花节位	9
花冠色	白色	花药颜色	黄色	花柱颜色	白色
花柱长度	长于雄蕊	花梗着生状态	下垂	青熟果色	绿色
果面棱沟	浅	果面光泽	有	商品果纵径（cm）	14.11
商品果横径（cm）	8.22	果梗长度（cm）	3.92	果形	长灯笼形
果肉厚（cm）	0.71	老熟果色	黄色	辣味	无辣味

种质名称：VGS332					
子叶颜色	浅绿色	株型	半直立	株高（cm）	77.11
株幅（cm）	58.12	分枝类型	无限分枝	主茎色	绿色
茎茸毛	无	叶形	长卵圆形	叶色	深绿色
叶缘	全缘	叶片长（cm）	16.51	叶片宽（cm）	9.02
叶柄长（cm）	10.03	叶面特征	微皱	首花节位	8
花冠色	白色	花药颜色	紫色	花柱颜色	白色
花柱长度	长于雄蕊	花梗着生状态	下垂	青熟果色	绿色
果面棱沟	浅	果面光泽	有	商品果纵径（cm）	13.21
商品果横径（cm）	7.02	果梗长度（cm）	3.72	果形	长灯笼形
果肉厚（cm）	0.78	老熟果色	黄色	辣味	无辣味

种质名称：VGS343					
子叶颜色	浅绿色	株型	半直立	株高（cm）	64.71
株幅（cm）	42.41	分枝类型	无限分枝	主茎色	绿色
茎茸毛	无	叶形	卵圆形	叶色	深绿色
叶缘	全缘	叶片长（cm）	17.03	叶片宽（cm）	8.92
叶柄长（cm）	7.51	叶面特征	平滑	首花节位	11
花冠色	白色	花药颜色	紫色	花柱颜色	白色
花柱长度	与雄蕊近等长	花梗着生状态	下垂	青熟果色	深绿色
果面棱沟	浅	果面光泽	有	商品果纵径（cm）	18.52
商品果横径（cm）	8.92	果梗长度（cm）	5.14	果形	长灯笼形
果肉厚（cm）	0.55	老熟果色	红色	辣味	无辣味

种质名称：VGS346					
子叶颜色	浅绿色	株型	半直立	株高（cm）	63.21
株幅（cm）	43.41	分枝类型	无限分枝	主茎色	绿色
茎茸毛	无	叶形	卵圆形	叶色	深绿色
叶缘	全缘	叶片长（cm）	15.52	叶片宽（cm）	8.81
叶柄长（cm）	9.71	叶面特征	微皱	首花节位	8
花冠色	白色	花药颜色	紫色	花柱颜色	白色
花柱长度	与雄蕊近等长	花梗着生状态	下垂	青熟果色	绿色
果面棱沟	中	果面光泽	有	商品果纵径（cm）	16.12
商品果横径（cm）	6.22	果梗长度（cm）	4.92	果形	长灯笼形
果肉厚（cm）	0.59	老熟果色	红色	辣味	无辣味

种质名称：VGS363					
子叶颜色	浅绿色	株型	半直立	株高（cm）	64.51
株幅（cm）	34.52	分枝类型	无限分枝	主茎色	浅绿色
茎茸毛	无	叶形	长卵圆形	叶色	深绿色
叶缘	全缘	叶片长（cm）	14.61	叶片宽（cm）	6.82
叶柄长（cm）	7.51	叶面特征	微皱	首花节位	6
花冠色	白色	花药颜色	紫色	花柱颜色	白色
花柱长度	与雄蕊近等长	花梗着生状态	下垂	青熟果色	浅绿色
果面棱沟	中	果面光泽	有	商品果纵径（cm）	8.41
商品果横径（cm）	6.32	果梗长度（cm）	3.52	果形	长灯笼形
果肉厚（cm）	0.53	老熟果色	红色	辣味	无辣味

种质名称：VGS368					
子叶颜色	浅绿色	株型	半直立	株高（cm）	78.61
株幅（cm）	36.22	分枝类型	无限分枝	主茎色	绿带紫条纹
茎茸毛	无	叶形	长卵圆形	叶色	深绿色
叶缘	全缘	叶片长（cm）	17.42	叶片宽（cm）	8.11
叶柄长（cm）	6.51	叶面特征	微皱	首花节位	8
花冠色	白色	花药颜色	紫色	花柱颜色	白色
花柱长度	与雄蕊近等长	花梗着生状态	下垂	青熟果色	紫黑色
果面棱沟	浅	果面光泽	有	商品果纵径（cm）	7.22
商品果横径（cm）	7.12	果梗长度（cm）	4.52	果形	方灯笼形
果肉厚（cm）	0.45	老熟果色	红色	辣味	无辣味

种质名称：VGS400					
子叶颜色	浅绿色	株型	半直立	株高（cm）	69.52
株幅（cm）	43.31	分枝类型	无限分枝	主茎色	绿色
茎茸毛	无	叶形	长卵圆形	叶色	深绿色
叶缘	全缘	叶片长（cm）	13.51	叶片宽（cm）	8.31
叶柄长（cm）	7.52	叶面特征	微皱	首花节位	8
花冠色	白色	花药颜色	紫色	花柱颜色	白色
花柱长度	与雄蕊近等长	花梗着生状态	下垂	青熟果色	浅绿色
果面棱沟	浅	果面光泽	有	商品果纵径（cm）	8.92
商品果横径（cm）	8.31	果梗长度（cm）	3.01	果形	扁灯笼形
果肉厚（cm）	0.83	老熟果色	黄色	辣味	无辣味

种质名称：VGS401					
子叶颜色	浅绿色	株型	半直立	株高（cm）	49.51
株幅（cm）	38.52	分枝类型	无限分枝	主茎色	绿色
茎茸毛	无	叶形	长卵圆形	叶色	深绿色
叶缘	全缘	叶片长（cm）	14.02	叶片宽（cm）	7.62
叶柄长（cm）	6.91	叶面特征	微皱	首花节位	8
花冠色	白色	花药颜色	紫色	花柱颜色	白色
花柱长度	与雄蕊近等长	花梗着生状态	下垂	青熟果色	黄绿色
果面棱沟	浅	果面光泽	有	商品果纵径（cm）	14.52
商品果横径（cm）	9.12	果梗长度（cm）	3.72	果形	灯笼形
果肉厚（cm）	0.79	老熟果色	橘红色	辣味	无辣味

种质名称：VGS420					
子叶颜色	浅绿色	株型	半直立	株高（cm）	54.92
株幅（cm）	45.22	分枝类型	无限分枝	主茎色	绿色
茎茸毛	无	叶形	长卵圆形	叶色	深绿色
叶缘	全缘	叶片长（cm）	14.71	叶片宽（cm）	7.11
叶柄长（cm）	6.62	叶面特征	微皱	首花节位	9
花冠色	白色	花药颜色	紫色	花柱颜色	白色
花柱长度	与雄蕊近等长	花梗着生状态	下垂	青熟果色	深绿色
果面棱沟	浅	果面光泽	有	商品果纵径（cm）	9.52
商品果横径（cm）	7.03	果梗长度（cm）	3.83	果形	长灯笼形
果肉厚（cm）	0.94	老熟果色	红色	辣味	无辣味

种质名称：VGS505					
子叶颜色	浅绿色	株型	半直立	株高（cm）	80.02
株幅（cm）	60.02	分枝类型	无限分枝	主茎色	绿色
茎茸毛	无	叶形	长卵圆形	叶色	深绿色
叶缘	全缘	叶片长（cm）	12.02	叶片宽（cm）	5.51
叶柄长（cm）	6.52	叶面特征	微皱	首花节位	10
花冠色	白色	花药颜色	紫色	花柱颜色	白色
花柱长度	长于雄蕊	花梗着生状态	下垂	青熟果色	深绿色
果面棱沟	深	果面光泽	有	商品果纵径（cm）	10.41
商品果横径（cm）	5.61	果梗长度（cm）	7.81	果形	长灯笼形
果肉厚（cm）	0.35	老熟果色	咖啡色	辣味	无辣味

种质名称：CXX369					
子叶颜色	浅绿色	株型	半直立	株高（cm）	72.36
株幅（cm）	60.25	分枝类型	无限分枝	主茎色	绿带紫条纹
茎茸毛	稀	叶形	披针形	叶色	深绿色
叶缘	全缘	叶片长（cm）	14.02	叶片宽（cm）	6.22
叶柄长（cm）	4.51	叶面特征	微皱	首花节位	11
花冠色	白色	花药颜色	紫色	花柱颜色	紫色
花柱长度	长于雄蕊	花梗着生状态	下垂	青熟果色	绿色
果面棱沟	浅	果面光泽	有	商品果纵径（cm）	5.13
商品果横径（cm）	5.53	果梗长度（cm）	4.71	果形	灯笼形
果肉厚（cm）	0.26	老熟果色	红色	辣味	无辣味

种质名称：CXX370					
子叶颜色	浅绿色	株型	直立	株高（cm）	68.62
株幅（cm）	38.26	分枝类型	无限分枝	主茎色	绿色
茎茸毛	中	叶形	披针形	叶色	深绿色
叶缘	波纹状	叶片长（cm）	13.55	叶片宽（cm）	5.22
叶柄长（cm）	7.02	叶面特征	微皱	首花节位	9
花冠色	白色	花药颜色	紫色	花柱颜色	紫色
花柱长度	长于雄蕊	花梗着生状态	下垂	青熟果色	绿色
果面棱沟	浅	果面光泽	有	商品果纵径（cm）	2.21
商品果横径（cm）	4.31	果梗长度（cm）	3.52	果形	扁灯笼形
果肉厚（cm）	0.15	老熟果色	红色	辣味	微辣

种质名称：CXX371					
子叶颜色	浅绿色	株型	半直立	株高（cm）	54.53
株幅（cm）	58.52	分枝类型	无限分枝	主茎色	绿带紫条纹
茎茸毛	稀	叶形	披针形	叶色	深绿色
叶缘	全缘	叶片长（cm）	10.25	叶片宽（cm）	4.52
叶柄长（cm）	7.75	叶面特征	微皱	首花节位	6
花冠色	白色	花药颜色	紫色	花柱颜色	紫色
花柱长度	长于雄蕊	花梗着生状态	下垂	青熟果色	绿色
果面棱沟	浅	果面光泽	有	商品果纵径（cm）	4.81
商品果横径（cm）	2.73	果梗长度（cm）	4.81	果形	灯笼形
果肉厚（cm）	0.24	老熟果色	红色	辣味	无辣味

种质名称：CXX468					
子叶颜色	浅绿色	株型	半直立	株高（cm）	48.13
株幅（cm）	75.21	分枝类型	无限分枝	主茎色	浅绿色
茎茸毛	无	叶形	长卵圆形	叶色	绿色
叶缘	全缘	叶片长（cm）	14.32	叶片宽（cm）	6.54
叶柄长（cm）	10.10	叶面特征	微皱	首花节位	7
花冠色	白色	花药颜色	蓝色	花柱颜色	紫色
花柱长度	短于雄蕊	花梗着生状态	下垂	青熟果色	咖啡色
果面棱沟	浅	果面光泽	有	商品果纵径（cm）	9.32
商品果横径（cm）	4.32	果梗长度（cm）	5.23	果形	灯笼形
果肉厚（cm）	0.33	老熟果色	红色	辣味	无辣味

种质名称：CXX492					
子叶颜色	浅绿色	株型	半直立	株高（cm）	58.22
株幅（cm）	61.21	分枝类型	无限分枝	主茎色	深绿色
茎茸毛	无	叶形	披针形	叶色	深绿色
叶缘	全缘	叶片长（cm）	10.51	叶片宽（cm）	5.12
叶柄长（cm）	7.12	叶面特征	微皱	首花节位	7
花冠色	白色	花药颜色	蓝色	花柱颜色	白色
花柱长度	短于雄蕊	花梗着生状态	下垂	青熟果色	深绿色
果面棱沟	中	果面光泽	有	商品果纵径（cm）	15.22
商品果横径（cm）	6.32	果梗长度（cm）	6.61	果形	长灯笼形
果肉厚（cm）	0.32	老熟果色	红色	辣味	无辣味

种质名称：CXX611					
子叶颜色	浅绿色	株型	直立	株高（cm）	60.23
株幅（cm）	40.13	分枝类型	无限分枝	主茎色	绿带紫条纹
茎茸毛	无	叶形	披针形	叶色	深绿色
叶缘	波纹状	叶片长（cm）	11.14	叶片宽（cm）	5.61
叶柄长（cm）	7.52	叶面特征	微皱	首花节位	5
花冠色	白色	花药颜色	蓝色	花柱颜色	白色
花柱长度	与雄蕊近等长	花梗着生状态	下垂	青熟果色	深绿色
果面棱沟	无	果面光泽	有	商品果纵径（cm）	9.42
商品果横径（cm）	2.31	果梗长度（cm）	3.32	果形	短牛角形
果肉厚（cm）	0.42	老熟果色	红色	辣味	无辣味

种质名称：CXX178					
子叶颜色	浅绿色	株型	半直立	株高（cm）	53.22
株幅（cm）	53.16	分枝类型	有限分枝	主茎色	绿带紫条纹
茎茸毛	稀	叶形	披针形	叶色	深绿色
叶缘	全缘	叶片长（cm）	8.61	叶片宽（cm）	3.11
叶柄长（cm）	4.22	叶面特征	微皱	首花节位	9
花冠色	白色	花药颜色	蓝色	花柱颜色	白色
花柱长度	短于雄蕊	花梗着生状态	下垂	青熟果色	绿色
果面棱沟	无	果面光泽	有	商品果纵径（cm）	8.62
商品果横径（cm）	2.71	果梗长度（cm）	4.52	果形	长灯笼形
果肉厚（cm）	0.16	老熟果色	红色	辣味	无辣味

种质名称：CXX621					
子叶颜色	浅绿色	株型	半直立	株高（cm）	76.31
株幅（cm）	60.22	分枝类型	无限分枝	主茎色	绿带紫条纹
茎茸毛	无	叶形	披针形	叶色	绿色
叶缘	波纹状	叶片长（cm）	12.52	叶片宽（cm）	6.72
叶柄长（cm）	8.22	叶面特征	微皱	首花节位	6
花冠色	白色	花药颜色	蓝色	花柱颜色	白色
花柱长度	短于雄蕊	花梗着生状态	下垂	青熟果色	深绿色
果面棱沟	中	果面光泽	有	商品果纵径（cm）	11.71
商品果横径（cm）	6.71	果梗长度（cm）	6.71	果形	长灯笼形
果肉厚（cm）	0.44	老熟果色	红色	辣味	无辣味

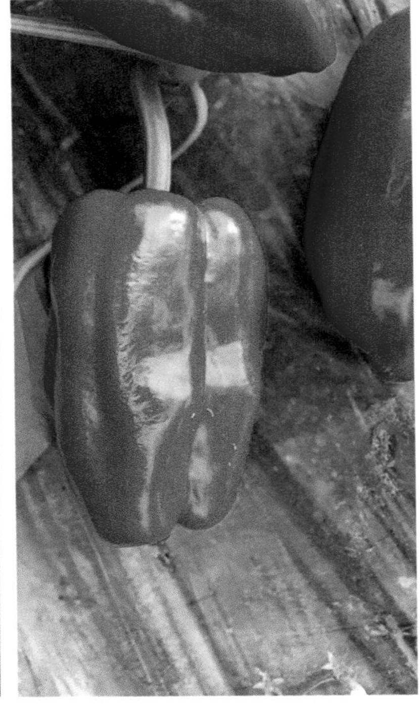

种质名称：CXX628					
子叶颜色	绿色	株型	半直立	株高（cm）	68.11
株幅（cm）	60.21	分枝类型	无限分枝	主茎色	绿色
茎茸毛	无	叶形	披针形	叶色	绿色
叶缘	波纹状	叶片长（cm）	11.25	叶片宽（cm）	5.63
叶柄长（cm）	6.51	叶面特征	微皱	首花节位	7
花冠色	白色	花药颜色	蓝色	花柱颜色	白色
花柱长度	短于雄蕊	花梗着生状态	下垂	青熟果色	深绿色
果面棱沟	中	果面光泽	有	商品果纵径（cm）	11.22
商品果横径（cm）	5.32	果梗长度（cm）	4.92	果形	长灯笼形
果肉厚（cm）	0.41	老熟果色	红色	辣味	极轻微辣

种质名称：CXX645					
子叶颜色	浅绿色	株型	半直立	株高（cm）	67.43
株幅（cm）	62.31	分枝类型	无限分枝	主茎色	深绿色
茎茸毛	无	叶形	卵圆形	叶色	绿色
叶缘	全缘	叶片长（cm）	11.51	叶片宽（cm）	7.12
叶柄长（cm）	8.11	叶面特征	微皱	首花节位	6
花冠色	白色	花药颜色	蓝色	花柱颜色	白色
花柱长度	与雄蕊等长	花梗着生状态	下垂	青熟果色	绿色
果面棱沟	浅	果面光泽	有	商品果纵径（cm）	9.91
商品果横径（cm）	5.42	果梗长度（cm）	5.62	果形	长锥形
果肉厚（cm）	0.51	老熟果色	黄色	辣味	无辣味

种质名称：CXX140					
子叶颜色	浅绿色	株型	半直立	株高（cm）	47.21
株幅（cm）	47.14	分枝类型	无限分枝	主茎色	绿色
茎茸毛	无	叶形	披针形	叶色	深绿色
叶缘	全缘	叶片长（cm）	12.51	叶片宽（cm）	7.02
叶柄长（cm）	5.52	叶面特征	微皱	首花节位	9
花冠色	白色	花药颜色	紫色	花柱颜色	白色
花柱长度	长于雄蕊	花梗着生状态	直立	青熟果色	深绿色
果面棱沟	浅	果面光泽	有	商品果纵径（cm）	7.31
商品果横径（cm）	4.91	果梗长度（cm）	3.21	果形	灯笼形
果肉厚（cm）	0.27	老熟果色	红色	辣味	无辣味

种质名称：CXX647					
子叶颜色	浅绿色	株型	半直立	株高（cm）	83.15
株幅（cm）	83.12	分枝类型	无限分枝	主茎色	深绿色
茎茸毛	无	叶形	卵圆形	叶色	绿色
叶缘	波纹状	叶片长（cm）	20.31	叶片宽（cm）	12.21
叶柄长（cm）	7.14	叶面特征	微皱	首花节位	11
花冠色	白色	花药颜色	浅蓝色	花柱颜色	白色
花柱长度	与雄蕊等长	花梗着生状态	直立	青熟果色	深绿色
果面棱沟	浅	果面光泽	有	商品果纵径（cm）	7.63
商品果横径（cm）	2.11	果梗长度（cm）	4.22	果形	灯笼形
果肉厚（cm）	0.15	老熟果色	黄色	辣味	微辣

朝天椒类种质资源

种质名称：CXX041					
子叶颜色	浅绿色	株型	半直立	株高（cm）	42.50
株幅（cm）	48.00	分枝类型	无限分枝	主茎色	绿带紫条纹
茎茸毛	无	叶形	披针形	叶色	深绿色
叶缘	全缘	叶片长（cm）	9.75	叶片宽（cm）	3.90
叶柄长（cm）	4.50	叶面特征	微皱	首花节位	12
花冠色	白色	花药颜色	蓝色	花柱颜色	白色
花柱长度	长于雄蕊	花梗着生状态	直立	青熟果色	浅绿色
果面棱沟	浅	果面光泽	有	商品果纵径（cm）	5.20
商品果横径（cm）	1.40	果梗长度（cm）	3.70	果形	短指形
果肉厚（cm）	0.13	老熟果色	红色	辣味	极辣

种质名称：CXX044					
子叶颜色	浅绿色	株型	半直立	株高（cm）	44.00
株幅（cm）	32.50	分枝类型	无限分枝	主茎色	淡绿色
茎茸毛	无	叶形	披针形	叶色	深绿色
叶缘	全缘	叶片长（cm）	10.80	叶片宽（cm）	4.00
叶柄长（cm）	4.50	叶面特征	微皱	首花节位	8
花冠色	白色	花药颜色	蓝色	花柱颜色	白色
花柱长度	长于雄蕊	花梗着生状态	直立	青熟果色	绿色
果面棱沟	浅	果面光泽	有	商品果纵径（cm）	9.20
商品果横径（cm）	1.30	果梗长度（cm）	3.00	果形	短指形
果肉厚（cm）	0.23	老熟果色	红色	辣味	辣

种质名称：CXX045					
子叶颜色	浅绿色	株型	直立	株高（cm）	48.00
株幅（cm）	35.00	分枝类型	有限分枝	主茎色	绿色
茎茸毛	无	叶形	披针形	叶色	深绿色
叶缘	全缘	叶片长（cm）	12.50	叶片宽（cm）	4.50
叶柄长（cm）	9.50	叶面特征	微皱	首花节位	11
花冠色	白色	花药颜色	紫色	花柱颜色	白色
花柱长度	长于雄蕊	花梗着生状态	直立	青熟果色	深绿色
果面棱沟	无	果面光泽	有	商品果纵径（cm）	9.00
商品果横径（cm）	0.80	果梗长度（cm）	3.40	果形	指形
果肉厚（cm）	0.16	老熟果色	红色	辣味	极辣

种质名称：CXX061					
子叶颜色	浅绿色	株型	直立	株高（cm）	59.67
株幅（cm）	56.67	分枝类型	无限分枝	主茎色	绿带紫条纹
茎茸毛	稀	叶形	披针形	叶色	深绿色
叶缘	全缘	叶片长（cm）	11.00	叶片宽（cm）	4.93
叶柄长（cm）	5.50	叶面特征	微皱	首花节位	8
花冠色	白色	花药颜色	蓝色	花柱颜色	白色
花柱长度	长于雄蕊	花梗着生状态	直立	青熟果色	绿色
果面棱沟	浅	果面光泽	有	商品果纵径（cm）	10.60
商品果横径（cm）	1.70	果梗长度（cm）	3.60	果形	长指形
果肉厚（cm）	0.02	老熟果色	红色	辣味	微辣

种质名称：CXX062					
子叶颜色	浅绿色	株型	直立	株高（cm）	38.00
株幅（cm）	35.50	分枝类型	有限分枝	主茎色	绿带紫条纹
茎茸毛	稀	叶形	披针形	叶色	深绿色
叶缘	全缘	叶片长（cm）	10.00	叶片宽（cm）	4.50
叶柄长（cm）	5.50	叶面特征	微皱	首花节位	8
花冠色	白色	花药颜色	蓝色	花柱颜色	白色
花柱长度	长于雄蕊	花梗着生状态	直立	青熟果色	绿色
果面棱沟	浅	果面光泽	有	商品果纵径（cm）	6.70
商品果横径（cm）	1.20	果梗长度（cm）	2.30	果形	短指形
果肉厚（cm）	0.01	老熟果色	红色	辣味	辣

种质名称：CXX063					
子叶颜色	浅绿色	株型	直立	株高（cm）	39.00
株幅（cm）	43.00	分枝类型	有限分枝	主茎色	绿带紫条纹
茎茸毛	无	叶形	披针形	叶色	深绿色
叶缘	全缘	叶片长（cm）	7.75	叶片宽（cm）	3.25
叶柄长（cm）	3.75	叶面特征	微皱	首花节位	9
花冠色	白色	花药颜色	蓝色	花柱颜色	白色
花柱长度	长于雄蕊	花梗着生状态	直立	青熟果色	绿色
果面棱沟	浅	果面光泽	有	商品果纵径（cm）	6.70
商品果横径（cm）	1.80	果梗长度（cm）	3.10	果形	短指形
果肉厚（cm）	0.01	老熟果色	红色	辣味	辣

种质名称：CXX064					
子叶颜色	浅绿色	株型	直立	株高（cm）	39.50
株幅（cm）	32.00	分枝类型	有限分枝	主茎色	绿带紫条纹
茎茸毛	无	叶形	披针形	叶色	深绿色
叶缘	全缘	叶片长（cm）	10.00	叶片宽（cm）	4.05
叶柄长（cm）	5.50	叶面特征	微皱	首花节位	9
花冠色	白色	花药颜色	蓝色	花柱颜色	白色
花柱长度	长于雄蕊	花梗着生状态	直立	青熟果色	绿色
果面棱沟	浅	果面光泽	有	商品果纵径（cm）	6.10
商品果横径（cm）	1.20	果梗长度（cm）	3.20	果形	指形
果肉厚（cm）	0.01	老熟果色	红色	辣味	微辣

种质名称：CXX066					
子叶颜色	浅绿色	株型	开展	株高（cm）	25.00
株幅（cm）	24.00	分枝类型	有限分枝	主茎色	深绿色
茎茸毛	无	叶形	披针形	叶色	深绿色
叶缘	全缘	叶片长（cm）	10.75	叶片宽（cm）	4.95
叶柄长（cm）	8.00	叶面特征	微皱	首花节位	7
花冠色	白色	花药颜色	蓝色	花柱颜色	白色
花柱长度	长于雄蕊	花梗着生状态	下垂	青熟果色	绿色
果面棱沟	浅	果面光泽	有	商品果纵径（cm）	11.50
商品果横径（cm）	2.00	果梗长度（cm）	3.50	果形	指形
果肉厚（cm）	0.02	老熟果色	红色	辣味	微辣

种质名称：CXX068					
子叶颜色	浅绿色	株型	半直立	株高（cm）	56.00
株幅（cm）	55.00	分枝类型	无限分枝	主茎色	绿带紫条纹
茎茸毛	无	叶形	披针形	叶色	深绿色
叶缘	全缘	叶片长（cm）	11.75	叶片宽（cm）	5.05
叶柄长（cm）	7.75	叶面特征	微皱	首花节位	6
花冠色	白色	花药颜色	蓝色	花柱颜色	白色
花柱长度	长于雄蕊	花梗着生状态	下垂	青熟果色	绿色
果面棱沟	浅	果面光泽	有	商品果纵径（cm）	8.40
商品果横径（cm）	1.20	果梗长度（cm）	3.00	果形	指形
果肉厚（cm）	0.01	老熟果色	红色	辣味	微辣

种质名称：CXX073					
子叶颜色	浅绿色	株型	半直立	株高（cm）	45.00
株幅（cm）	51.00	分枝类型	无限分枝	主茎色	绿带紫条纹
茎茸毛	无	叶形	披针形	叶色	深绿色
叶缘	全缘	叶片长（cm）	9.75	叶片宽（cm）	4.35
叶柄长（cm）	5.75	叶面特征	微皱	首花节位	7
花冠色	白色	花药颜色	蓝色	花柱颜色	白色
花柱长度	长于雄蕊	花梗着生状态	直立	青熟果色	黄绿色
果面棱沟	无	果面光泽	有	商品果纵径（cm）	4.70
商品果横径（cm）	2.00	果梗长度（cm）	2.20	果形	短指形
果肉厚（cm）	0.22	老熟果色	红色	辣味	微辣

种质名称：CXX074					
子叶颜色	浅绿色	株型	半直立	株高（cm）	52.50
株幅（cm）	57.50	分枝类型	无限分枝	主茎色	绿带紫条纹
茎茸毛	稀	叶形	披针形	叶色	深绿色
叶缘	波纹状	叶片长（cm）	11.50	叶片宽（cm）	4.25
叶柄长（cm）	7.00	叶面特征	微皱	首花节位	6
花冠色	白色	花药颜色	蓝色	花柱颜色	白色
花柱长度	长于雄蕊	花梗着生状态	直立	青熟果色	绿色
果面棱沟	无	果面光泽	有	商品果纵径（cm）	10.20
商品果横径（cm）	2.20	果梗长度（cm）	2.70	果形	指形
果肉厚（cm）	0.22	老熟果色	红色	辣味	极轻微辣

种质名称：CXX075					
子叶颜色	浅绿色	株型	半直立	株高（cm）	46.50
株幅（cm）	54.00	分枝类型	无限分枝	主茎色	浅绿色
茎茸毛	稀	叶形	披针形	叶色	深绿色
叶缘	波纹状	叶片长（cm）	9.00	叶片宽（cm）	4.05
叶柄长（cm）	5.00	叶面特征	微皱	首花节位	7
花冠色	白色	花药颜色	蓝色	花柱颜色	白色
花柱长度	长于雄蕊	花梗着生状态	直立	青熟果色	绿色
果面棱沟	浅	果面光泽	有	商品果纵径（cm）	9.50
商品果横径（cm）	2.30	果梗长度（cm）	3.20	果形	指形
果肉厚（cm）	0.21	老熟果色	红色	辣味	微辣

种质名称：CXX076					
子叶颜色	浅绿色	株型	半直立	株高（cm）	48.00
株幅（cm）	55.00	分枝类型	无限分枝	主茎色	绿带紫条纹
茎茸毛	无	叶形	披针形	叶色	深绿色
叶缘	全缘	叶片长（cm）	9.50	叶片宽（cm）	3.50
叶柄长（cm）	3.50	叶面特征	微皱	首花节位	7
花冠色	白色	花药颜色	蓝色	花柱颜色	白色
花柱长度	长于雄蕊	花梗着生状态	直立	青熟果色	绿色
果面棱沟	浅	果面光泽	有	商品果纵径（cm）	4.10
商品果横径（cm）	2.10	果梗长度（cm）	2.20	果形	锥形
果肉厚（cm）	0.13	老熟果色	红色	辣味	微辣

种质名称：CXX077					
子叶颜色	浅绿色	株型	半直立	株高（cm）	51.00
株幅（cm）	54.00	分枝类型	无限分枝	主茎色	深绿色
茎茸毛	无	叶形	披针形	叶色	深绿色
叶缘	全缘	叶片长（cm）	10.00	叶片宽（cm）	4.50
叶柄长（cm）	4.00	叶面特征	微皱	首花节位	8
花冠色	白色	花药颜色	蓝色	花柱颜色	白色
花柱长度	长于雄蕊	花梗着生状态	直立	青熟果色	绿色
果面棱沟	浅	果面光泽	有	商品果纵径（cm）	10.10
商品果横径（cm）	1.90	果梗长度（cm）	2.90	果形	指形
果肉厚（cm）	0.21	老熟果色	红色	辣味	微辣

种质名称：CXX079					
子叶颜色	浅绿色	株型	半直立	株高（cm）	50.50
株幅（cm）	55.00	分枝类型	无限分枝	主茎色	深绿色
茎茸毛	无	叶形	披针形	叶色	深绿色
叶缘	全缘	叶片长（cm）	8.90	叶片宽（cm）	4.25
叶柄长（cm）	4.50	叶面特征	微皱	首花节位	9
花冠色	白色	花药颜色	蓝色	花柱颜色	白色
花柱长度	长于雄蕊	花梗着生状态	直立	青熟果色	绿色
果面棱沟	浅	果面光泽	有	商品果纵径（cm）	10.70
商品果横径（cm）	2.20	果梗长度（cm）	3.30	果形	指形
果肉厚（cm）	0.12	老熟果色	红色	辣味	微辣

种质名称：CXX082					
子叶颜色	浅绿色	株型	半直立	株高（cm）	43.50
株幅（cm）	56.00	分枝类型	无限分枝	主茎色	绿带紫条纹
茎茸毛	无	叶形	披针形	叶色	深绿色
叶缘	全缘	叶片长（cm）	9.00	叶片宽（cm）	3.75
叶柄长（cm）	4.25	叶面特征	微皱	首花节位	14
花冠色	白色	花药颜色	蓝色	花柱颜色	白色
花柱长度	长于雄蕊	花梗着生状态	直立	青熟果色	浅绿色
果面棱沟	无	果面光泽	有	商品果纵径（cm）	3.50
商品果横径（cm）	1.20	果梗长度（cm）	2.10	果形	短锥形
果肉厚（cm）	0.12	老熟果色	红色	辣味	辣

种质名称：CXX083					
子叶颜色	浅绿色	株型	半直立	株高（cm）	51.50
株幅（cm）	37.00	分枝类型	有限分枝	主茎色	深绿色
茎茸毛	无	叶形	披针形	叶色	深绿色
叶缘	全缘	叶片长（cm）	11.50	叶片宽（cm）	4.75
叶柄长（cm）	6.50	叶面特征	微皱	首花节位	10
花冠色	白色	花药颜色	蓝色	花柱颜色	白色
花柱长度	长于雄蕊	花梗着生状态	下垂	青熟果色	绿色
果面棱沟	浅	果面光泽	有	商品果纵径（cm）	7.60
商品果横径（cm）	1.90	果梗长度（cm）	3.60	果形	短羊角形
果肉厚（cm）	0.15	老熟果色	红色	辣味	微辣

种质名称：CXX087					
子叶颜色	浅绿色	株型	直立	株高（cm）	60.00
株幅（cm）	47.00	分枝类型	无限分枝	主茎色	深绿色
茎茸毛	无	叶形	披针形	叶色	深绿色
叶缘	全缘	叶片长（cm）	11.50	叶片宽（cm）	4.50
叶柄长（cm）	8.50	叶面特征	微皱	首花节位	19
花冠色	白色	花药颜色	蓝色	花柱颜色	白色
花柱长度	长于雄蕊	花梗着生状态	下垂	青熟果色	绿色
果面棱沟	无	果面光泽	有	商品果纵径（cm）	5.50
商品果横径（cm）	0.40	果梗长度（cm）	3.40	果形	短指形
果肉厚（cm）	0.11	老熟果色	红色	辣味	微辣

种质名称：CXX088					
子叶颜色	浅绿色	株型	直立	株高（cm）	46.50
株幅（cm）	37.00	分枝类型	有限分枝	主茎色	深绿色
茎茸毛	无	叶形	披针形	叶色	深绿色
叶缘	全缘	叶片长（cm）	11.50	叶片宽（cm）	4.90
叶柄长（cm）	8.50	叶面特征	微皱	首花节位	14
花冠色	白色	花药颜色	蓝色	花柱颜色	白色
花柱长度	长于雄蕊	花梗着生状态	直立	青熟果色	绿色
果面棱沟	无	果面光泽	有	商品果纵径（cm）	8.50
商品果横径（cm）	0.70	果梗长度（cm）	3.30	果形	指形
果肉厚（cm）	0.19	老熟果色	红色	辣味	微辣

种质名称：CXX091					
子叶颜色	浅绿色	株型	直立	株高（cm）	45.00
株幅（cm）	36.50	分枝类型	有限分枝	主茎色	绿带紫条纹
茎茸毛	稀	叶形	披针形	叶色	深绿色
叶缘	全缘	叶片长（cm）	10.25	叶片宽（cm）	4.50
叶柄长（cm）	6.00	叶面特征	微皱	首花节位	13
花冠色	白色	花药颜色	蓝色	花柱颜色	白色
花柱长度	与雄蕊近等长	花梗着生状态	直立	青熟果色	绿色
果面棱沟	浅	果面光泽	有	商品果纵径（cm）	7.20
商品果横径（cm）	0.80	果梗长度（cm）	2.70	果形	短指形
果肉厚（cm）	0.02	老熟果色	红色	辣味	辣

种质名称：CXX092					
子叶颜色	浅绿色	株型	直立	株高（cm）	44.00
株幅（cm）	55.00	分枝类型	有限分枝	主茎色	绿带紫条纹
茎茸毛	无	叶形	披针形	叶色	深绿色
叶缘	全缘	叶片长（cm）	7.00	叶片宽（cm）	4.60
叶柄长（cm）	5.50	叶面特征	微皱	首花节位	14
花冠色	白色	花药颜色	蓝色	花柱颜色	白色
花柱长度	长于雄蕊	花梗着生状态	直立	青熟果色	绿色
果面棱沟	无	果面光泽	有	商品果纵径（cm）	4.30
商品果横径（cm）	1.40	果梗长度（cm）	2.50	果形	指形
果肉厚（cm）	0.03	老熟果色	红色	辣味	极辣

种质名称：CXX115					
子叶颜色	浅绿色	株型	开展	株高（cm）	39.00
株幅（cm）	52.50	分枝类型	无限分枝	主茎色	绿带紫条纹
茎茸毛	无	叶形	披针形	叶色	深绿色
叶缘	全缘	叶片长（cm）	7.75	叶片宽（cm）	3.58
叶柄长（cm）	4.25	叶面特征	微皱	首花节位	10
花冠色	白色	花药颜色	蓝色	花柱颜色	白色
花柱长度	长于雄蕊	花梗着生状态	直立	青熟果色	绿色
果面棱沟	无	果面光泽	有	商品果纵径（cm）	4.90
商品果横径（cm）	1.40	果梗长度（cm）	1.10	果形	指形
果肉厚（cm）	0.13	老熟果色	红色	辣味	极辣

种质名称：CXX119					
子叶颜色	浅绿色	株型	半直立	株高（cm）	44.22
株幅（cm）	51.51	分枝类型	有限分枝	主茎色	绿带紫条纹
茎茸毛	无	叶形	披针形	叶色	深绿色
叶缘	全缘	叶片长（cm）	7.51	叶片宽（cm）	3.35
叶柄长（cm）	4.25	叶面特征	微皱	首花节位	10
花冠色	白色	花药颜色	蓝色	花柱颜色	白色
花柱长度	长于雄蕊	花梗着生状态	直立	青熟果色	深绿色
果面棱沟	无	果面光泽	有	商品果纵径（cm）	6.11
商品果横径（cm）	0.92	果梗长度（cm）	4.12	果形	指形
果肉厚（cm）	0.11	老熟果色	红色	辣味	辣

种质名称：CXX120					
子叶颜色	浅绿色	株型	半直立	株高（cm）	48.52
株幅（cm）	48.52	分枝类型	有限分枝	主茎色	绿带紫条纹
茎茸毛	无	叶形	披针形	叶色	深绿色
叶缘	全缘	叶片长（cm）	9.52	叶片宽（cm）	3.91
叶柄长（cm）	5.12	叶面特征	微皱	首花节位	13
花冠色	白色	花药颜色	蓝色	花柱颜色	白色
花柱长度	长于雄蕊	花梗着生状态	直立	青熟果色	绿色
果面棱沟	无	果面光泽	有	商品果纵径（cm）	4.62
商品果横径（cm）	1.12	果梗长度（cm）	2.72	果形	短锥形
果肉厚（cm）	0.13	老熟果色	红色	辣味	辣

种质名称：CXX121					
子叶颜色	浅绿色	株型	半直立	株高（cm）	48.12
株幅（cm）	45.32	分枝类型	无限分枝	主茎色	浅绿色
茎茸毛	无	叶形	披针形	叶色	深绿色
叶缘	全缘	叶片长（cm）	7.34	叶片宽（cm）	3.52
叶柄长（cm）	4.25	叶面特征	微皱	首花节位	11
花冠色	白色	花药颜色	紫色	花柱颜色	白色
花柱长度	长于雄蕊	花梗着生状态	直立	青熟果色	黄白色
果面棱沟	无	果面光泽	有	商品果纵径（cm）	4.32
商品果横径（cm）	1.51	果梗长度（cm）	2.24	果形	短锥形
果肉厚（cm）	0.12	老熟果色	橘红色	辣味	辣

种质名称：CXX126					
子叶颜色	浅绿色	株型	半直立	株高（cm）	36.23
株幅（cm）	44.51	分枝类型	有限分枝	主茎色	绿色
茎茸毛	无	叶形	披针形	叶色	深绿色
叶缘	全缘	叶片长（cm）	6.52	叶片宽（cm）	2.91
叶柄长（cm）	4.21	叶面特征	微皱	首花节位	9
花冠色	白色	花药颜色	蓝色	花柱颜色	白色
花柱长度	长于雄蕊	花梗着生状态	直立	青熟果色	绿色
果面棱沟	无	果面光泽	有	商品果纵径（cm）	4.92
商品果横径（cm）	0.82	果梗长度（cm）	2.11	果形	指形
果肉厚（cm）	0.06	老熟果色	红色	辣味	微辣

种质名称：CXX128					
子叶颜色	浅绿色	株型	开展	株高（cm）	41.52
株幅（cm）	63.12	分枝类型	无限分枝	主茎色	绿带紫条纹
茎茸毛	无	叶形	披针形	叶色	深绿色
叶缘	全缘	叶片长（cm）	8.55	叶片宽（cm）	3.35
叶柄长（cm）	3.52	叶面特征	微皱	首花节位	10
花冠色	白色	花药颜色	蓝色	花柱颜色	白色
花柱长度	长于雄蕊	花梗着生状态	直立	青熟果色	绿色
果面棱沟	无	果面光泽	有	商品果纵径（cm）	5.91
商品果横径（cm）	1.21	果梗长度（cm）	2.31	果形	短指形
果肉厚（cm）	0.14	老熟果色	红色	辣味	辣

种质名称：CXX196					
子叶颜色	浅绿色	株型	半直立	株高（cm）	55.50
株幅（cm）	55.01	分枝类型	有限分枝	主茎色	绿带紫条纹
茎茸毛	无	叶形	披针形	叶色	深绿色
叶缘	全缘	叶片长（cm）	9.55	叶片宽（cm）	4.12
叶柄长（cm）	5.25	叶面特征	微皱	首花节位	11
花冠色	白色	花药颜色	蓝色	花柱颜色	白色
花柱长度	长于雄蕊	花梗着生状态	直立	青熟果色	绿色
果面棱沟	无	果面光泽	有	商品果纵径（cm）	6.42
商品果横径（cm）	0.92	果梗长度（cm）	3.21	果形	指形
果肉厚（cm）	0.11	老熟果色	红色	辣味	极轻微辣

种质名称：CXX197					
子叶颜色	浅绿色	株型	半直立	株高（cm）	52.52
株幅（cm）	46.03	分枝类型	有限分枝	主茎色	绿带紫条纹
茎茸毛	无	叶形	披针形	叶色	深绿色
叶缘	全缘	叶片长（cm）	25.51	叶片宽（cm）	4.35
叶柄长（cm）	6.01	叶面特征	微皱	首花节位	8
花冠色	白色	花药颜色	蓝色	花柱颜色	白色
花柱长度	长于雄蕊	花梗着生状态	直立	青熟果色	绿色
果面棱沟	无	果面光泽	有	商品果纵径（cm）	7.81
商品果横径（cm）	2.12	果梗长度（cm）	2.62	果形	指形
果肉厚（cm）	0.24	老熟果色	红色	辣味	极轻微辣

种质名称：CXX201					
子叶颜色	浅绿色	株型	半直立	株高（cm）	43.31
株幅（cm）	41.51	分枝类型	有限分枝	主茎色	绿色
茎茸毛	稀	叶形	披针形	叶色	深绿色
叶缘	全缘	叶片长（cm）	7.22	叶片宽（cm）	3.42
叶柄长（cm）	5.81	叶面特征	微皱	首花节位	7
花冠色	白色	花药颜色	蓝色	花柱颜色	白色
花柱长度	短于雄蕊	花梗着生状态	下垂	青熟果色	绿色
果面棱沟	无	果面光泽	有	商品果纵径（cm）	9.91
商品果横径（cm）	1.32	果梗长度（cm）	3.61	果形	指形
果肉厚（cm）	0.22	老熟果色	黄色	辣味	辣

种质名称：CXX236					
子叶颜色	浅绿色	株型	半直立	株高（cm）	42.31
株幅（cm）	50.13	分枝类型	无限分枝	主茎色	浅绿色
茎茸毛	无	叶形	披针形	叶色	深绿色
叶缘	波纹状	叶片长（cm）	9.02	叶片宽（cm）	5.51
叶柄长（cm）	5.52	叶面特征	微皱	首花节位	5
花冠色	白色	花药颜色	紫色	花柱颜色	白色
花柱长度	短于雄蕊	花梗着生状态	下垂	青熟果色	深绿色
果面棱沟	无	果面光泽	有	商品果纵径（cm）	10.42
商品果横径（cm）	2.81	果梗长度（cm）	2.62	果形	羊角形
果肉厚（cm）	0.17	老熟果色	红色	辣味	无辣味

种质名称：CXX382					
子叶颜色	浅绿色	株型	半直立	株高（cm）	42.52
株幅（cm）	59.22	分枝类型	无限分枝	主茎色	绿带紫条纹
茎茸毛	中	叶形	披针形	叶色	深绿色
叶缘	全缘	叶片长（cm）	6.52	叶片宽（cm）	2.52
叶柄长（cm）	3.43	叶面特征	微皱	首花节位	10
花冠色	白色	花药颜色	蓝色	花柱颜色	白色
花柱长度	长于雄蕊	花梗着生状态	下垂	青熟果色	绿色
果面棱沟	无	果面光泽	有	商品果纵径（cm）	9.16
商品果横径（cm）	1.13	果梗长度（cm）	2.10	果形	指形
果肉厚（cm）	0.14	老熟果色	红色	辣味	辣

种质名称：CXX383					
子叶颜色	浅绿色	株型	半直立	株高（cm）	43.62
株幅（cm）	60.42	分枝类型	无限分枝	主茎色	绿带紫条纹
茎茸毛	稀	叶形	披针形	叶色	深绿色
叶缘	全缘	叶片长（cm）	7.52	叶片宽（cm）	3.01
叶柄长（cm）	4.02	叶面特征	微皱	首花节位	10
花冠色	白色	花药颜色	蓝色	花柱颜色	白色
花柱长度	长于雄蕊	花梗着生状态	下垂	青熟果色	黄绿色
果面棱沟	无	果面光泽	有	商品果纵径（cm）	7.12
商品果横径（cm）	1.15	果梗长度（cm）	2.32	果形	指形
果肉厚（cm）	0.09	老熟果色	红色	辣味	辣

种质名称：CXX389					
子叶颜色	浅绿色	株型	开展	株高（cm）	57.11
株幅（cm）	64.34	分枝类型	无限分枝	主茎色	绿带紫条纹
茎茸毛	中	叶形	披针形	叶色	深绿色
叶缘	全缘	叶片长（cm）	7.51	叶片宽（cm）	2.72
叶柄长（cm）	4.02	叶面特征	微皱	首花节位	7
花冠色	白色	花药颜色	蓝色	花柱颜色	白色
花柱长度	长于雄蕊	花梗着生状态	下垂	青熟果色	黄白色
果面棱沟	无	果面光泽	有	商品果纵径（cm）	5.32
商品果横径（cm）	1.92	果梗长度（cm）	2.93	果形	短指形
果肉厚（cm）	0.14	老熟果色	橘红色	辣味	极轻微辣

种质名称：CXX443					
子叶颜色	浅绿色	株型	直立	株高（cm）	34.23
株幅（cm）	26.23	分枝类型	有限分枝	主茎色	绿带紫条纹
茎茸毛	无	叶形	披针形	叶色	深绿色
叶缘	全缘	叶片长（cm）	8.65	叶片宽（cm）	3.65
叶柄长（cm）	3.75	叶面特征	微皱	首花节位	10
花冠色	白色	花药颜色	蓝色	花柱颜色	白色
花柱长度	长于雄蕊	花梗着生状态	直立	青熟果色	浅绿色
果面棱沟	无	果面光泽	有	商品果纵径（cm）	7.41
商品果横径（cm）	1.02	果梗长度（cm）	1.23	果形	指形
果肉厚（cm）	0.09	老熟果色	红色	辣味	微辣

锥形椒与观赏椒类种质资源

种质名称：CXX037					
子叶颜色	浅绿色	株型	半直立	株高（cm）	62.50
株幅（cm）	55.00	分枝类型	无限分枝	主茎色	绿色
茎茸毛	中	叶形	披针形	叶色	深绿色
叶缘	全缘	叶片长（cm）	12.50	叶片宽（cm）	6.00
叶柄长（cm）	7.50	叶面特征	微皱	首花节位	12
花冠色	白色	花药颜色	紫色	花柱颜色	白色
花柱长度	短于雄蕊	花梗着生状态	下垂	青熟果色	绿色
果面棱沟	无	果面光泽	有	商品果纵径（cm）	10.70
商品果横径（cm）	3.10	果梗长度（cm）	3.40	果形	长锥形
果肉厚（cm）	0.28	老熟果色	红色	辣味	微辣

种质名称：CXX122					
子叶颜色	浅绿色	株型	开展	株高（cm）	35
株幅（cm）	57.12	分枝类型	无限分枝	主茎色	绿带紫条纹
茎茸毛	中	叶形	披针形	叶色	深绿色
叶缘	全缘	叶片长（cm）	7.52	叶片宽（cm）	3.75
叶柄长（cm）	5.75	叶面特征	微皱	首花节位	10
花冠色	白色	花药颜色	蓝色	花柱颜色	白色
花柱长度	长于雄蕊	花梗着生状态	下垂	青熟果色	黄绿色
果面棱沟	浅	果面光泽	有	商品果纵径（cm）	5.62
商品果横径（cm）	2.21	果梗长度（cm）	1.81	果形	短锥形
果肉厚（cm）	0.16	老熟果色	红色	辣味	微辣

种质名称：CXX214					
子叶颜色	浅绿色	株型	开展	株高（cm）	43.05
株幅（cm）	39.01	分枝类型	无限分枝	主茎色	深绿色
茎茸毛	稀	叶形	披针形	叶色	深绿色
叶缘	全缘	叶片长（cm）	10.91	叶片宽（cm）	5.25
叶柄长（cm）	5.75	叶面特征	微皱	首花节位	6
花冠色	白色	花药颜色	蓝色	花柱颜色	白色
花柱长度	长于雄蕊	花梗着生状态	下垂	青熟果色	浅绿色
果面棱沟	无	果面光泽	有	商品果纵径（cm）	13.21
商品果横径（cm）	3.72	果梗长度（cm）	3.62	果形	锥形
果肉厚（cm）	0.29	老熟果色	红色	辣味	无辣味

种质名称：CXX215					
子叶颜色	浅绿色	株型	开展	株高（cm）	52.22
株幅（cm）	48.13	分枝类型	无限分枝	主茎色	深绿色
茎茸毛	无	叶形	披针形	叶色	深绿色
叶缘	全缘	叶片长（cm）	9.72	叶片宽（cm）	5.51
叶柄长（cm）	3.52	叶面特征	微皱	首花节位	6
花冠色	白色	花药颜色	蓝色	花柱颜色	白色
花柱长度	长于雄蕊	花梗着生状态	下垂	青熟果色	黄绿色
果面棱沟	无	果面光泽	有	商品果纵径（cm）	8.42
商品果横径（cm）	3.71	果梗长度（cm）	3.41	果形	长锥形
果肉厚（cm）	0.37	老熟果色	红色	辣味	极轻微辣

种质名称：CXX294					
子叶颜色	浅绿色	株型	半直立	株高（cm）	62.92
株幅（cm）	56.42	分枝类型	有限分枝	主茎色	绿带紫条纹
茎茸毛	无	叶形	披针形	叶色	深绿色
叶缘	全缘	叶片长（cm）	14.53	叶片宽（cm）	6.51
叶柄长（cm）	7.02	叶面特征	微皱	首花节位	9
花冠色	白色	花药颜色	紫色	花柱颜色	白色
花柱长度	短于雄蕊	花梗着生状态	下垂	青熟果色	绿色
果面棱沟	浅	果面光泽	有	商品果纵径（cm）	10.23
商品果横径（cm）	6.41	果梗长度（cm）	4.43	果形	长锥形
果肉厚（cm）	0.49	老熟果色	红色	辣味	无辣味

种质名称：CXX393					
子叶颜色	浅绿色	株型	半直立	株高（cm）	52.36
株幅（cm）	60.35	分枝类型	无限分枝	主茎色	绿带紫条纹
茎茸毛	稀	叶形	长卵圆形	叶色	深绿色
叶缘	全缘	叶片长（cm）	10.52	叶片宽（cm）	4.51
叶柄长（cm）	5.51	叶面特征	微皱	首花节位	6
花冠色	白色	花药颜色	蓝色	花柱颜色	白色
花柱长度	长于雄蕊	花梗着生状态	下垂	青熟果色	浅绿色
果面棱沟	无	果面光泽	有	商品果纵径（cm）	7.32
商品果横径（cm）	2.32	果梗长度（cm）	3.61	果形	长锥形
果肉厚（cm）	0.31	老熟果色	红色	辣味	无辣味

种质名称：CXX398					
子叶颜色	浅绿色	株型	半直立	株高（cm）	63.22
株幅（cm）	56.22	分枝类型	无限分枝	主茎色	绿带紫条纹
茎茸毛	稀	叶形	披针形	叶色	深绿色
叶缘	全缘	叶片长（cm）	13.53	叶片宽（cm）	6.51
叶柄长（cm）	10.51	叶面特征	微皱	首花节位	7
花冠色	白色	花药颜色	蓝色	花柱颜色	白色
花柱长度	短于雄蕊	花梗着生状态	下垂	青熟果色	绿色
果面棱沟	浅	果面光泽	有	商品果纵径（cm）	10.62
商品果横径（cm）	4.72	果梗长度（cm）	4.41	果形	长锥形
果肉厚（cm）	0.33	老熟果色	红色	辣味	无辣味

种质名称：CXX399					
子叶颜色	浅绿色	株型	半直立	株高（cm）	48.32
株幅（cm）	60.32	分枝类型	无限分枝	主茎色	绿带紫条纹
茎茸毛	中	叶形	披针形	叶色	深绿色
叶缘	波纹状	叶片长（cm）	11.52	叶片宽（cm）	4.31
叶柄长（cm）	5.52	叶面特征	微皱	首花节位	6
花冠色	白色	花药颜色	蓝色	花柱颜色	白色
花柱长度	短于雄蕊	花梗着生状态	下垂	青熟果色	深绿色
果面棱沟	无	果面光泽	有	商品果纵径（cm）	2.41
商品果横径（cm）	2.31	果梗长度（cm）	1.71	果形	长锥形
果肉厚（cm）	0.31	老熟果色	红色	辣味	无辣味

种质名称：CXX617					
子叶颜色	浅绿色	株型	半直立	株高（cm）	62.31
株幅（cm）	54.11	分枝类型	无限分枝	主茎色	绿带紫条纹
茎茸毛	中	叶形	披针形	叶色	绿色
叶缘	全缘	叶片长（cm）	14.22	叶片宽（cm）	8.51
叶柄长（cm）	9.12	叶面特征	微皱	首花节位	5
花冠色	白色	花药颜色	蓝色	花柱颜色	白色
花柱长度	短于雄蕊	花梗着生状态	下垂	青熟果色	深绿色
果面棱沟	浅	果面光泽	有	商品果纵径（cm）	11.93
商品果横径（cm）	5.92	果梗长度（cm）	4.61	果形	长锥形
果肉厚（cm）	0.51	老熟果色	黄色	辣味	无辣味

种质名称：CXX619					
子叶颜色	绿色	株型	半直立	株高（cm）	75.14
株幅（cm）	50.21	分枝类型	无限分枝	主茎色	绿带紫条纹
茎茸毛	无	叶形	披针形	叶色	绿色
叶缘	波纹状	叶片长（cm）	13.12	叶片宽（cm）	6.33
叶柄长（cm）	5.22	叶面特征	微皱	首花节位	6
花冠色	白色	花药颜色	蓝色	花柱颜色	白色
花柱长度	与雄蕊近等长	花梗着生状态	下垂	青熟果色	深绿色
果面棱沟	浅	果面光泽	有	商品果纵径（cm）	12.12
商品果横径（cm）	7.21	果梗长度（cm）	3.42	果形	长锥形
果肉厚（cm）	0.51	老熟果色	红色	辣味	无辣味

种质名称：CXX625					
子叶颜色	浅绿色	株型	半直立	株高（cm）	62.23
株幅（cm）	62.23	分枝类型	无限分枝	主茎色	绿带紫条纹
茎茸毛	稀	叶形	长卵圆形	叶色	深绿色
叶缘	全缘	叶片长（cm）	16.53	叶片宽（cm）	8.12
叶柄长（cm）	9.52	叶面特征	微皱	首花节位	9
花冠色	白色	花药颜色	蓝色	花柱颜色	白色
花柱长度	与雄蕊近等长	花梗着生状态	下垂	青熟果色	深绿色
果面棱沟	无	果面光泽	有	商品果纵径（cm）	8.91
商品果横径（cm）	3.21	果梗长度（cm）	5.11	果形	长锥形
果肉厚（cm）	0.58	老熟果色	红色	辣味	无辣味

种质名称：CXX627					
子叶颜色	浅绿色	株型	半直立	株高（cm）	60.14
株幅（cm）	62.21	分枝类型	无限分枝	主茎色	绿带紫条纹
茎茸毛	稀	叶形	披针形	叶色	绿色
叶缘	波纹状	叶片长（cm）	13.14	叶片宽（cm）	5.52
叶柄长（cm）	6.13	叶面特征	微皱	首花节位	5
花冠色	白色	花药颜色	蓝色	花柱颜色	白色
花柱长度	与雄蕊近等长	花梗着生状态	下垂	青熟果色	浅绿色
果面棱沟	无	果面光泽	有	商品果纵径（cm）	7.43
商品果横径（cm）	2.81	果梗长度（cm）	3.22	果形	长锥形
果肉厚（cm）	0.22	老熟果色	红色	辣味	微辣

种质名称：VGS504					
子叶颜色	浅绿色	株型	半直立	株高（cm）	84.02
株幅（cm）	71.02	分枝类型	无限分枝	主茎色	绿带紫条纹
茎茸毛	中	叶形	披针形	叶色	深绿色
叶缘	全缘	叶片长（cm）	11.01	叶片宽（cm）	5.41
叶柄长（cm）	4.01	叶面特征	微皱	首花节位	13
花冠色	白色	花药颜色	浅蓝色	花柱颜色	白色
花柱长度	长于雄蕊	花梗着生状态	下垂	青熟果色	黄绿色
果面棱沟	无	果面光泽	有	商品果纵径（cm）	3.92
商品果横径（cm）	2.72	果梗长度（cm）	2.62	果形	短锥形
果肉厚（cm）	0.31	老熟果色	红色	辣味	无辣味

种质名称：VGS508					
子叶颜色	浅绿色	株型	半直立	株高（cm）	93.02
株幅（cm）	80.01	分枝类型	无限分枝	主茎色	绿带紫条纹
茎茸毛	中	叶形	长卵圆形	叶色	深绿色
叶缘	全缘	叶片长（cm）	12.33	叶片宽（cm）	5.61
叶柄长（cm）	4.01	叶面特征	微皱	首花节位	10
花冠色	白色	花药颜色	蓝色	花柱颜色	白色
花柱长度	长于雄蕊	花梗着生状态	下垂	青熟果色	深绿色
果面棱沟	无	果面光泽	有	商品果纵径（cm）	8.42
商品果横径（cm）	4.92	果梗长度（cm）	2.91	果形	长锥形
果肉厚（cm）	0.32	老熟果色	红色	辣味	无辣味

种质名称：CXX111					
子叶颜色	浅绿色	株型	开展	株高（cm）	35.67
株幅（cm）	64.67	分枝类型	无限分枝	主茎色	绿带紫条纹
茎茸毛	无	叶形	披针形	叶色	深绿色
叶缘	全缘	叶片长（cm）	9.00	叶片宽（cm）	4.17
叶柄长（cm）	4.67	叶面特征	微皱	首花节位	8
花冠色	白色	花药颜色	蓝色	花柱颜色	白色
花柱长度	长于雄蕊	花梗着生状态	下垂	青熟果色	绿色
果面棱沟	无	果面光泽	有	商品果纵径（cm）	3.10
商品果横径（cm）	1.20	果梗长度（cm）	1.40	果形	短锥形
果肉厚（cm）	0.13	老熟果色	红色	辣味	辣

种质名称：CXX112					
子叶颜色	浅绿色	株型	开展	株高（cm）	33.00
株幅（cm）	52.50	分枝类型	无限分枝	主茎色	绿带紫条纹
茎茸毛	无	叶形	披针形	叶色	深绿色
叶缘	全缘	叶片长（cm）	6.75	叶片宽（cm）	3.35
叶柄长（cm）	3.65	叶面特征	微皱	首花节位	10
花冠色	白色	花药颜色	蓝色	花柱颜色	白色
花柱长度	长于雄蕊	花梗着生状态	直立	青熟果色	乳白色
果面棱沟	无	果面光泽	有	商品果纵径（cm）	1.90
商品果横径（cm）	1.70	果梗长度（cm）	1.10	果形	圆球形
果肉厚（cm）	0.14	老熟果色	红色	辣味	辣

种质名称：CXX113					
子叶颜色	浅绿色	株型	开展	株高（cm）	36.50
株幅（cm）	59.50	分枝类型	无限分枝	主茎色	绿带紫条纹
茎茸毛	无	叶形	披针形	叶色	深绿色
叶缘	全缘	叶片长（cm）	7.75	叶片宽（cm）	3.65
叶柄长（cm）	4.15	叶面特征	微皱	首花节位	10
花冠色	白色	花药颜色	蓝色	花柱颜色	白色
花柱长度	长于雄蕊	花梗着生状态	直立	青熟果色	浅绿色
果面棱沟	无	果面光泽	有	商品果纵径（cm）	1.90
商品果横径（cm）	1.50	果梗长度（cm）	1.40	果形	短指形
果肉厚（cm）	0.14	老熟果色	红色	辣味	辣

种质名称：CXX116					
子叶颜色	浅绿色	株型	开展	株高（cm）	43.67
株幅（cm）	57.33	分枝类型	有限分枝	主茎色	绿带紫条纹
茎茸毛	无	叶形	披针形	叶色	深绿色
叶缘	全缘	叶片长（cm）	8.17	叶片宽（cm）	3.77
叶柄长（cm）	3.67	叶面特征	微皱	首花节位	13
花冠色	白色	花药颜色	蓝色	花柱颜色	白色
花柱长度	长于雄蕊	花梗着生状态	直立	青熟果色	黄绿色
果面棱沟	无	果面光泽	有	商品果纵径（cm）	2.20
商品果横径（cm）	1.70	果梗长度（cm）	1.20	果形	圆锥形
果肉厚（cm）	0.12	老熟果色	红色	辣味	极辣

种质名称：CXX117					
子叶颜色	浅绿色	株型	半直立	株高（cm）	60.50
株幅（cm）	67.00	分枝类型	无限分枝	主茎色	绿带紫条纹
茎茸毛	无	叶形	披针形	叶色	深绿色
叶缘	全缘	叶片长（cm）	9.50	叶片宽（cm）	4.15
叶柄长（cm）	4.25	叶面特征	微皱	首花节位	10
花冠色	白色	花药颜色	蓝色	花柱颜色	白色
花柱长度	长于雄蕊	花梗着生状态	直立	青熟果色	绿色
果面棱沟	无	果面光泽	有	商品果纵径（cm）	2.70
商品果横径（cm）	1.90	果梗长度（cm）	1.70	果形	圆锥形
果肉厚（cm）	0.12	老熟果色	红色	辣味	极辣

种质名称：CXX123					
子叶颜色	浅绿色	株型	开展	株高（cm）	25.23
株幅（cm）	30.52	分枝类型	有限分枝	主茎色	绿色
茎茸毛	无	叶形	披针形	叶色	深绿色
叶缘	全缘	叶片长（cm）	5.75	叶片宽（cm）	3.25
叶柄长（cm）	5.12	叶面特征	微皱	首花节位	9
花冠色	白色	花药颜色	蓝色	花柱颜色	白色
花柱长度	长于雄蕊	花梗着生状态	直立	青熟果色	黄白色
果面棱沟	无	果面光泽	有	商品果纵径（cm）	1.91
商品果横径（cm）	1.42	果梗长度（cm）	1.41	果形	短锥形
果肉厚（cm）	0.14	老熟果色	红色	辣味	辣

种质名称：CXX388					
子叶颜色	浅绿色	株型	开展	株高（cm）	42.33
株幅（cm）	44.31	分枝类型	无限分枝	主茎色	绿色
茎茸毛	稀	叶形	披针形	叶色	深绿色
叶缘	全缘	叶片长（cm）	8.51	叶片宽（cm）	4.01
叶柄长（cm）	5.52	叶面特征	微皱	首花节位	10
花冠色	白色	花药颜色	蓝色	花柱颜色	白色
花柱长度	长于雄蕊	花梗着生状态	下垂	青熟果色	黄白色
果面棱沟	无	果面光泽	有	商品果纵径（cm）	3.72
商品果横径（cm）	2.43	果梗长度（cm）	2.54	果形	短锥形
果肉厚（cm）	0.17	老熟果色	红色	辣味	微辣

种质名称：CXX392					
子叶颜色	浅绿色	株型	直立	株高（cm）	63.51
株幅（cm）	57.21	分枝类型	无限分枝	主茎色	绿带紫条纹
茎茸毛	无	叶形	披针形	叶色	深绿色
叶缘	波纹状	叶片长（cm）	12.25	叶片宽（cm）	5.91
叶柄长（cm）	8.01	叶面特征	微皱	首花节位	6
花冠色	白色	花药颜色	紫色	花柱颜色	紫色
花柱长度	长于雄蕊	花梗着生状态	下垂	青熟果色	浅绿色
果面棱沟	无	果面光泽	有	商品果纵径（cm）	6.94
商品果横径（cm）	3.62	果梗长度（cm）	3.53	果形	短锥形
果肉厚（cm）	0.31	老熟果色	红色	辣味	无辣味

种质名称：CXX394					
子叶颜色	浅绿色	株型	直立	株高（cm）	73.35
株幅（cm）	63.21	分枝类型	无限分枝	主茎色	绿带紫条纹
茎茸毛	稀	叶形	披针形	叶色	深绿色
叶缘	全缘	叶片长（cm）	11.02	叶片宽（cm）	5.01
叶柄长（cm）	5.02	叶面特征	微皱	首花节位	10
花冠色	白色	花药颜色	蓝色	花柱颜色	白色
花柱长度	长于雄蕊	花梗着生状态	下垂	青熟果色	深绿色
果面棱沟	无	果面光泽	有	商品果纵径（cm）	4.22
商品果横径（cm）	2.11	果梗长度（cm）	3.41	果形	短锥形
果肉厚（cm）	0.16	老熟果色	红色	辣味	极辣

种质名称：CXX395					
子叶颜色	浅绿色	株型	半直立	株高（cm）	45.33
株幅（cm）	66.42	分枝类型	无限分枝	主茎色	绿带紫条纹
茎茸毛	稀	叶形	披针形	叶色	深绿色
叶缘	全缘	叶片长（cm）	8.21	叶片宽（cm）	4.12
叶柄长（cm）	4.31	叶面特征	微皱	首花节位	8
花冠色	白色	花药颜色	蓝色	花柱颜色	白色
花柱长度	长于雄蕊	花梗着生状态	下垂	青熟果色	深绿色
果面棱沟	无	果面光泽	有	商品果纵径（cm）	5.13
商品果横径（cm）	2.72	果梗长度（cm）	2.92	果形	短锥形
果肉厚（cm）	0.31	老熟果色	红色	辣味	无辣味

种质名称：CXX396					
子叶颜色	浅绿色	株型	半直立	株高（cm）	55.42
株幅（cm）	65.22	分枝类型	无限分枝	主茎色	绿带紫条纹
茎茸毛	稀	叶形	披针形	叶色	深绿色
叶缘	波纹状	叶片长（cm）	10.51	叶片宽（cm）	5.01
叶柄长（cm）	5.52	叶面特征	微皱	首花节位	9
花冠色	白色	花药颜色	蓝色	花柱颜色	白色
花柱长度	长于雄蕊	花梗着生状态	下垂	青熟果色	深绿色
果面棱沟	无	果面光泽	有	商品果纵径（cm）	3.92
商品果横径（cm）	2.12	果梗长度（cm）	3.31	果形	短锥形
果肉厚（cm）	0.33	老熟果色	红色	辣味	微辣

种质名称：CXX400					
子叶颜色	浅绿色	株型	直立	株高（cm）	39.21
株幅（cm）	49.21	分枝类型	无限分枝	主茎色	绿带紫条纹
茎茸毛	密	叶形	披针形	叶色	深绿色
叶缘	全缘	叶片长（cm）	7.02	叶片宽（cm）	3.02
叶柄长（cm）	3.01	叶面特征	微皱	首花节位	10
花冠色	白色	花药颜色	紫色	花柱颜色	白色
花柱长度	长于雄蕊	花梗着生状态	下垂	青熟果色	深绿色
果面棱沟	无	果面光泽	有	商品果纵径（cm）	2.61
商品果横径（cm）	2.42	果梗长度（cm）	2.31	果形	圆球形
果肉厚（cm）	0.31	老熟果色	红色	辣味	无辣味

种质名称：CXX404					
子叶颜色	浅绿色	株型	直立	株高（cm）	77.12
株幅（cm）	60.34	分枝类型	无限分枝	主茎色	绿带紫条纹
茎茸毛	稀	叶形	披针形	叶色	深绿色
叶缘	全缘	叶片长（cm）	11.52	叶片宽（cm）	4.51
叶柄长（cm）	4.01	叶面特征	微皱	首花节位	10
花冠色	白色	花药颜色	蓝色	花柱颜色	白色
花柱长度	长于雄蕊	花梗着生状态	下垂	青熟果色	深绿色
果面棱沟	无	果面光泽	有	商品果纵径（cm）	4.42
商品果横径（cm）	2.62	果梗长度（cm）	1.72	果形	短锥形
果肉厚（cm）	0.28	老熟果色	红色	辣味	无辣味

种质名称：CXX648					
子叶颜色	浅绿色	株型	半直立	株高（cm）	79.21
株幅（cm）	56.11	分枝类型	无限分枝	主茎色	紫色
茎茸毛	无	叶形	披针形	叶色	紫色
叶缘	全缘	叶片长（cm）	8.23	叶片宽（cm）	3.63
叶柄长（cm）	6.21	叶面特征	微皱	首花节位	10
花冠色	白色	花药颜色	紫色	花柱颜色	紫色
花柱长度	短于雄蕊	花梗着生状态	下垂	青熟果色	浅紫色
果面棱沟	无	果面光泽	有	商品果纵径（cm）	2.12
商品果横径（cm）	1.32	果梗长度（cm）	3.61	果形	短锥形
果肉厚（cm）	0.11	老熟果色	红色	辣味	辣

种质名称：CXX125					
子叶颜色	浅绿色	株型	开展	株高（cm）	49.67
株幅（cm）	53.33	分枝类型	无限分枝	主茎色	绿带紫条纹
茎茸毛	无	叶形	披针形	叶色	深绿色
叶缘	全缘	叶片长（cm）	5.67	叶片宽（cm）	3.47
叶柄长（cm）	8.12	叶面特征	微皱	首花节位	11
花冠色	白色	花药颜色	蓝色	花柱颜色	白色
花柱长度	长于雄蕊	花梗着生状态	直立	青熟果色	浅绿色
果面棱沟	无	果面光泽	有	商品果纵径（cm）	3.22
商品果横径（cm）	1.13	果梗长度（cm）	2.21	果形	短锥形
果肉厚（cm）	0.16	老熟果色	红色	辣味	辣

种质名称：CXX114					
子叶颜色	浅绿色	株型	开展	株高（cm）	35.33
株幅（cm）	53.33	分枝类型	无限分枝	主茎色	绿带紫条纹
茎茸毛	无	叶形	披针形	叶色	深绿色
叶缘	全缘	叶片长（cm）	6.17	叶片宽（cm）	2.93
叶柄长（cm）	3.60	叶面特征	微皱	首花节位	11
花冠色	白色	花药颜色	蓝色	花柱颜色	白色
花柱长度	长于雄蕊	花梗着生状态	直立	青熟果色	黄绿色
果面棱沟	无	果面光泽	有	商品果纵径（cm）	2.90
商品果横径（cm）	1.00	果梗长度（cm）	1.60	果形	短指形
果肉厚（cm）	0.11	老熟果色	红色	辣味	极辣